CARTA DE AMOR À TERRA

Dados Internacionais de Catalogação na Publicação (CIP)
(Câmara Brasileira do Livro, SP, Brasil)

Hanh, Thich Nhat, 1926-2022
  Carta de amor à Terra / Thich Nhat Hanh ; tradução de Letícia Meirelles. – Petrópolis, RJ : Vozes, 2025.

  Título original: Lover letter to the Earth
  ISBN 978-85-326-7194-3

  1. Amor 2. Autoconhecimento 3. Budismo – Ensinamentos 4. Terra (Planeta) I. Título.

25-252542   CDD-294.34

Índices para catálogo sistemático:
1. Budismo : Ensinamentos   294.34

Eliane de Freitas Leite – Bibliotecária – CRB 8/8415

Thich Nhat Hanh

CARTA DE AMOR À TERRA

Tradução de Letícia Meirelles

EDITORA VOZES

Petrópolis

© 2013 By Unified Buddhist Church.

Tradução do original em inglês intitulado *Love letter to the earth*.

Direitos de publicação em língua portuguesa – Brasil:
2025, Editora Vozes Ltda.
Rua Frei Luís, 100
25689-900 Petrópolis, RJ
www.vozes.com.br
Brasil

Todos os direitos reservados. Nenhuma parte desta obra poderá ser reproduzida ou transmitida por qualquer forma e/ou quaisquer meios (eletrônico ou mecânico, incluindo fotocópia e gravação) ou arquivada em qualquer sistema ou banco de dados sem permissão escrita da editora.

CONSELHO EDITORIAL

Diretor
Volney J. Berkenbrock

Editores
Aline dos Santos Carneiro
Edrian Josué Pasini
Marilac Loraine Oleniki
Welder Lancieri Marchini

Conselheiros
Elói Dionísio Piva
Francisco Morás
Teobaldo Heidemann
Thiago Alexandre Hayakawa

Secretário executivo
Leonardo A.R.T. dos Santos

PRODUÇÃO EDITORIAL

Anna Catharina Miranda
Eric Parrot
Jailson Scota
Marcelo Telles
Mirela de Oliveira
Natália França
Priscilla A.F. Alves
Rafael de Oliveira
Samuel Rezende
Verônica M. Guedes

Diagramação: Editora Vozes
Revisão gráfica: Jhary Artiolli
Capa: Rafael Machado

ISBN 978-85-326-7194-3 (Brasil)
ISBN 978-1-937006-38-9 (Estados Unidos)

Este livro foi composto e impresso pela Editora Vozes Ltda.

Sumário

1 – Nós somos a Terra, 7

2 – Caminhos para a cura, 25

3 – Bem-vindo ao lar, 43

4 – Amplificando nosso poder, 53

5 – Práticas para se apaixonar pela Terra, 59

6 – Dez cartas de amor à Terra, 69

Rumo a uma religião cósmica, 93

1
Nós somos a Terra

Neste exato momento, a Terra está sobre você, abaixo de você, ao seu redor e até mesmo em seu interior. Ela está em todo lugar. Você pode estar acostumado a pensar nela apenas como o chão sob seus pés. Mas a água, o mar, o céu e tudo ao nosso redor vêm da Terra. Tudo o que pertence ao nosso interior e exterior vem dela. Muitas vezes, esquecemos que o planeta em que vivemos nos deu todos os elementos que compõem nossos corpos. A água em nossa carne, os nossos ossos e todas as nossas células microscópicas vêm da Terra e são parte dela. Nosso planeta não é apenas o ambiente em que vivemos. Nós somos a Terra e estamos sempre carregando-a dentro de nós.

Ao perceber isso, podemos ver o quanto a Terra é realmente viva. E nós somos uma manifestação viva deste planeta tão belo e generoso. Conscientes disso, podemos começar a transformar nosso relacionamento com ele. Podemos começar a caminhar diferente e a cuidar dele de maneira distinta. Vamos nos apaixonar completamente pela Terra. E quando estamos apaixonados por alguém ou por algo, não há separação entre nós e aquele ou aquilo que amamos. Fazemos tudo o que podemos por eles, e isso nos nutre com grande alegria.

Esse é o relacionamento que cada um de nós pode ter com a Terra. Esse é o relacionamento que cada um de nós deve ter com a Terra se quisermos que ela sobreviva e se quisermos sobreviver também.

A Terra contém todo o cosmos

Se pensarmos que a Terra é apenas o ambiente que nos cerca, experienciaremos nós mesmos e ela como entidade separadas. Podemos ver o planeta apenas em termos do que ele pode fazer por nós. Precisamos reconhecer que o planeta e as pessoas nele são, em última análise, uma só e a mesma coisa. Quando olhamos profundamente para a Terra, vemos que ela é uma formação composta por elementos não pertencentes à Terra: o Sol, as estrelas e todo o universo. Certos elementos, como carbono, silício e ferro, se formaram há muito tempo no coração de supernovas distantes. Estrelas distantes contribuíram com sua luz.

Quando olhamos para uma flor, podemos ver que ela é feita de muitos elementos diferentes, então podemos tratá-la como uma formação. Uma flor é feita de muitos elementos não florais. O universo inteiro pode ser visto nela. Se olharmos profundamente para a flor, podemos ver o sol, o solo, a chuva e até mesmo o jardineiro. Da mesma forma, quando olhamos profundamente para a Terra, podemos ver a presença do cosmos inteiro.

Grande parte do nosso medo, ódio, raiva e sentimentos de separação e alienação vem da ideia de que somos separados do planeta. Vemos a nós mesmos como o centro do universo e estamos preocupados principalmente com nossa própria sobrevivência. Se nos importamos com a saúde e com o bem-estar do planeta, fazemos isso por nossa própria causa. Queremos que o ar seja limpo o suficiente para respirarmos. Queremos que a água seja clara o suficiente para termos algo para beber. Mas precisamos fazer mais do que usar produtos reciclados ou doar dinheiro para grupos ambientais. Precisamos mudar todo o nosso relacionamento com a Terra.

Tendemos a pensar que a Terra é uma matéria inanimada, porque nos tornamos alienados dela. Somos alienados até de nossos próprios corpos. Durante grande parte do dia, esquecemos que temos um corpo. Somos tão absorvidos pelo nosso trabalho e pelos nossos problemas que esquecemos que somos mais do que apenas nossas mentes. Muitos de nós estão doentes porque esquecemos de prestar atenção em nossos corpos. Do mesmo modo, também esquecemos da Terra – esquecemos que ela faz parte de nós e que nós fazemos parte dela. E como não estamos cuidando da Terra, ambos adoecemos.

Quando olhamos profundamente para a grama ou para uma árvore, podemos ver que elas não são mera matéria. Elas têm um tipo próprio de inteligência. Uma semente, por exemplo, sabe como se tornar uma planta com raízes, folhas, flores e frutos. Um pinheiro não é apenas matéria; ele possui um senso de conhecimento. Até mesmo uma partícula de poeira não é apenas matéria; cada um de seus átomos tem inteligência e é uma realidade viva.

Essa compreensão não dualista e profunda da natureza e das coisas é chamada, em sânscrito, de *advaya jñana*. Isso significa "a sabedoria da não discriminação" e refere-se a uma maneira de enxergar além dos simples conceitos. A ciência clássica baseia-se na crença de que existe uma realidade objetiva independentemente da existência de nossa mente. Mas, na tradição budista, dizemos que há a mente e os objetos da mente, e ambos se manifestam ao mesmo tempo. Não podemos separá-los. Os objetos da mente são criados por ela própria. A forma como percebemos o mundo ao nosso redor depende inteiramente da maneira como olhamos para ele.

Se entendermos a Terra como um organismo vivo que respira, podemos nos curar e também curá-la. Quando nosso corpo físico está doente, precisamos parar, descansar e prestar atenção nele. Devemos interromper nosso pensamento, voltar à nossa respiração e retornar ao nosso corpo. Se virmos nosso corpo como uma maravilha, também teremos a oportunidade de ver a Terra como tal, e assim, a sua cura pode começar. Quando voltamos para casa e cuidamos de nós mesmos, curamos não apenas nossos próprios corpos e mentes, mas também ajudamos a Terra.

Ela é um planeta belo e possui uma multiplicidade de formas de vida, vegetação, sons e cores. No céu, podemos ver a luz de Vênus e estrelas distantes. Ao olharmos para nós mesmos, vemos que também somos belos. Nossa mente é a consciência do cosmos, o qual deu origem à bela espécie humana. Com poderosos telescópios, as pessoas conseguiram observar o cosmos em todo o seu esplendor. Tivemos vislumbres de galáxias distantes. Vimos estrelas cujas imagens levam centenas de milhões de anos para chegar à Terra. O cosmos radiante e elegante que podemos observar é, na verdade, nossa própria consciência e não algo fora dela.

A Terra é uma maravilha

Quando contemplamos o planeta, vemos que ele possui muitas virtudes. A primeira é a estabilidade. Ele é firme diante dos desafios e continua a oferecer perseverança, equanimidade e paciência mesmo perante a muitas calamidades provocadas pelo ser humano.

A segunda virtude é a criatividade. A Terra é uma fonte inesgotável de criatividade. Ela gerou tantas espécies belas, incluindo os humanos. Embora haja muitos músicos e compositores talentosos entre nós, a música mais maravilhosa de todas é composta pela própria Terra. Entre nós, há aqueles que são excelentes artistas e pintores, mas é a Terra que criou as paisagens mais lindas. Se olharmos profundamente, podemos descobrir uma infinidade de maravilhas infinitas que aparecem no planeta. Mesmo o melhor cientista não consegue se igualar à bela pétala de uma flor de cerejeira ou à delicadeza de uma orquídea.

A terceira virtude é a não discriminação. Isso significa que a Terra não julga. Nós, humanos, fizemos muitas coisas descuidadas que a prejudicaram, mas, ainda assim, ela não nos pune. Ela nos dá vida e nos acolhe de volta quando morremos.

Se você olhar profundamente e sentir essa conexão com a Terra, também começará a sentir admiração, amor e respeito. Quando você perceber que a Terra é muito mais do que simplesmente o ambiente, se sentirá motivado a protegê-la como protegeria a si mesmo. Não há diferença entre você e ela. Nesse tipo de comunhão, você não se sente mais alienado.

Nossa mãe viva que respira

Em seu livro, *The lives of a cell*, o biólogo Thomas Lewis descreve nosso planeta como um organismo vivo. Após alguma reflexão, ele chega à percepção de que a Terra é como uma célula gigante viva, cujas partes estão todas ligadas em simbiose.

Ele descreve a atmosfera como a maior membrana do mundo. Lewis acha incrivelmente surpreendente que nosso planeta esteja vivo. Fica impressionado com a sua beleza e exuberância em contraste com a lua estéril e cheia de crateras e com outros planetas. Ele compara a Terra a um ser organizado e autocontido, uma "criatura viva, cheia de informação e maravilhosamente hábil em lidar com o sol".

Também podemos ver que nosso planeta é um ser vivo e não um objeto inanimado. Ele não é matéria inerte. Frequentemente nós o chamamos de Mãe Terra. Ver a Terra como nossa mãe nos ajuda a perceber sua verdadeira natureza. Embora não seja uma pessoa, ela é, de fato, uma mãe que deu à luz a milhões de espécies diferentes, incluindo a espécie humana.

Nossa Mãe Terra nos deu vida e forneceu todas as condições para a nossa sobrevivência. Ao longo das eras, desenvolveu um ambiente a partir do qual os humanos puderam se manifestar e prosperar. Ela criou uma atmosfera protetora, com ar que podemos respirar, alimento abundante para comermos e água limpa para bebermos. Ela está constantemente nos nutrindo e protegendo. Podemos ver que é nossa mãe e a mãe de todos os seres.

Somos filhos da Terra, e ela é uma mãe muito generosa que nos abraça e nos fornece tudo o que precisamos. E, quando um dia deixarmos de existir nesta forma, voltaremos para ela, nossa mãe, apenas para sermos transformados e nos manifestarmos novamente em uma forma diferente no futuro.

Mas não pense que a Mãe Terra é externa a você. Ao olhar profundamente, você pode encontrá-la dentro de si, da mesma forma como sua mãe biológica que lhe deu à luz também está dentro de você. Ela está em cada uma de suas células.

O Sol

Se a Terra é nossa verdadeira mãe, então o Sol é o nosso verdadeiro pai. Juntos, eles tornam a vida no planeta possível. A energia do Sol possibilita a existência das formas de vida na Terra. Ele oferece luz e calor para que as plantas cresçam. Sem ele, não haveria vida alguma.

Incontáveis civilizações prestaram homenagem ao Sol. Na tradição budista, há muitos que louvam Amitabha, o Buda da Luz Ilimitada, e que acreditam que seu Reino Puro está a oeste. Podemos chamar esse Buda de Mahavairocana Tathagata, o Buda da Luz e Vida Infinitas. É possível dizer que o Sol é um verdadeiro Buda, pois irradia sua luz sobre a Terra, fornecendo calor, luz, energia e vida a cada minuto do dia para todas as espécies do planeta. O Sol não está apenas no céu; ele está na Terra e em cada um de nós. Isso quer dizer que cada um de nós tem a luz do Sol dentro de si. Sem ele, a vida na Terra não seria possível; os seres vivos não poderiam existir. Podemos pensar no Sol e na Terra como nossos verdadeiros pais e como os verdadeiros pais de nossos pai e mãe biológicos e de todos os nossos ancestrais. O Buda, Muhammad, Jesus Cristo e todos os nossos maravilhosos mestres são filhos deste planeta. Todos nós somos filhos da Terra e do Sol. Assim como carregamos o DNA de nossa mãe e pai biológicos, carregamos o Sol e a Terra em cada uma de nossas células.

A mais elevada forma de oração

Podemos sentir-nos bastante assustados e maravilhados com a imensa energia do universo, e podemos ser tentados a acreditar que foi ele criado por um deus semelhante ao ser humano. Impressionados pelas poderosas forças da natureza, muitas vezes, imaginamos que há um deus por trás das tempestades furiosas, um deus do trovão, um deus da chuva ou um deus controlando a maré. É fácil pensar que essa força altamente criativa possa ter uma forma humana.

No entanto, não acho que Deus seja um velho com uma barba branca sentado no céu. Deus não está fora da criação. Creio que Deus está na Terra, dentro de cada ser vivo. O que chamamos de "divino" não é nada além da energia do despertar, da paz, da compreensão e do amor, que pode ser encontrada não apenas em cada ser humano, mas em cada espécie do planeta. No budismo, dizemos que cada ser senciente tem a capacidade de despertar e de entender profundamente. Chamamos isso de natureza búdica. O cervo, o cão, o gato, o esquilo e o pássaro, todos têm a natureza búdica. Mas e as espécies inanimadas: o pinheiro em nosso quintal, a grama ou as flores? Como parte de nossa Mãe Terra viva, essas espécies também têm a natureza búdica. Essa é uma consciência muito poderosa que pode nos trazer muita alegria. Cada lâmina de grama, cada árvore, cada planta, cada criatura grande ou pequena é filha do planeta e tem a natureza búdica. A própria Terra tem essa natureza, portanto, todos os seus filhos também a têm. Como todos nós somos dotados de natureza búdica, temos todos a capacidade de viver felizes e com um senso de responsabilidade para com nossa mãe, a Terra.

Na Bíblia, Jesus disse: "Eu estou no Pai, e o Pai está em mim" (João 14:11). O Buda também ensinou que todos nós somos parte uns dos outros. Não somos entidades separadas. O pai e o filho não são exatamente iguais, mas também não são completamente diferentes. Um está no outro. Quando olhamos para nossa própria formação corporal, vemos a Mãe Terra dentro de nós, e, assim, todo o universo está dentro de nós também. Uma vez que temos essa percepção de interdependência, podemos ter uma comunicação real com a Terra. Essa é a mais elevada forma possível de oração.

Adorar a Terra não é divinizá-la ou acreditar que ela seja mais sagrada do que nós mesmos. Adorar a Terra é amá-la, cuidar dela e buscar refúgio nela. Quando sofremos, ela nos abraça, nos aceita e restaura nossa energia, fazendo-nos fortes e estáveis novamente. O alívio que buscamos está bem sob nossos pés e ao nosso redor. Grande parte do nosso sofrimento pode ser curado se percebermos isso. Se entendermos nossa profunda conexão e nosso relacionamento com a Terra, teremos amor, força e despertar suficientes para que ambos possamos prosperar.

Quando sofremos, precisamos de amor e compreensão. Nós mesmos não temos o suficiente dessas qualidades, então tentamos encontrá-las fora de nós. Isso é muito natural. Esperamos que outra pessoa ou algo possa nos dar o amor e a compreensão de que precisamos. Alguém com virtudes personifica a bondade, a verdade e a beleza. Sabemos que possuímos alguma bondade, verdade e beleza, mas talvez não o suficiente para nos trazer felicidade. Não sabemos como ajudar essas virtudes a crescerem para obtermos verdadeira percepção e sabedoria.

A Terra possui todas as virtudes que procuramos, incluindo força, estabilidade, paciência e compaixão. Ela abraça a todos. Não precisamos de fé cega para ver isso. Não precisamos endereçar nossas orações ou expressar nossa gratidão a uma divindade remota ou abstrata com a qual pode ser difícil ou impossível entrar em contato. Podemos fazer isso diretamente à Terra. Ela está bem aqui. Ela nos apoia de maneiras muito concretas e tangíveis. Ninguém pode negar que a água que nos sustenta, o ar que respiramos e o alimento que nos nutre são presentes da Terra.

Figura 1 – A Mãe Terra é o mais belo *bodhisattva*

O mais belo *bodhisattva*

Um *bodhisattva* é um ser vivo que possui felicidade, despertar, compreensão e amor. Qualquer ser que manifeste essas qualidades pode ser chamado de *bodhisattva*. Eles estão ao nosso redor. Qualquer pessoa que cultive o amor e ofereça muita felicidade aos outros é um *bodhisattva*.

Eles não são necessariamente humanos. Nos *Contos Jataka*, o Buda era chamado de *bodhisattva*, e, às vezes, se manifestava como um cervo, um macaco, uma árvore ou até mesmo uma pedra. Essas manifestações também podem ser chamadas de *bodhisattvas*. Uma árvore pode ser contente, feliz e fresca, oferecendo oxigênio, sombra, refúgio e beleza. Ela pode nutrir a vida. Pode ser um lugar de santuário para muitas criaturas.

Quando olhamos para o nosso planeta, sabemos que a Terra é o *bodhisattva* mais belo de todos. Ela é a mãe de muitos seres grandiosos. Como a matéria inanimada poderia fazer todas as coisas maravilhosas que a Terra faz? Não procure um *bodhisattva* na sua imaginação, pois ele está bem aos seus pés. A Mãe Terra não é uma ideia abstrata ou vaga. Ela é real – é uma realidade viva que você pode tocar, saborear, cheirar, ouvir e ver. Ela nos deu vida. E quando morrermos, voltaremos para ela, que nos trará à vida novamente e novamente. Há pessoas que oram para nascer em um lugar onde não há sofrimento. No entanto, elas não sabem se tal lugar realmente existe. Astrônomos conseguiram observar muitas galáxias distantes usando telescópios poderosos, mas não encontraram nada tão belo quanto este planeta Terra. Onde mais você gostaria de ir quando a Mãe Terra é tão bela e está sempre pronta para te abraçar e te receber de volta?

Eu deixei a Terra três vezes
E não encontrei outro lugar para ir.
Por favor, cuidem da Nave Espacial Terra.
– Walter Schirra, 1998. Astronauta nos voos espaciais Mercury, Gemini e Apollo.

Podemos chamar a Terra de *bodhisattva* que purifica e refresca o planeta. Podemos jogar flores perfumadas sobre ela, mas também podemos jogar urina ou excremento e, mesmo assim, a Terra não discrimina. Ela aceita tudo, seja puro ou impuro, e sempre transforma, não importa quanto tempo leve. A Terra é a mãe de vários budas, *bodhisattvas* e santos. É a mãe de todos nós. Embora não seja um *bodhisattva* em forma humana, ela tem a capacidade de nos dar à luz, de nos carregar, nutrir e curar. Ela possui estabilidade, paciência e perseverança. O *Sutra do Lótus* menciona o *bodhisattva* da Terra, *Kshitigarbha*. Ele possui as qualidades da Terra: perseverança, solidez e uma grande determinação. Ele fez o voto de ir aos lugares mais sombrios para resgatar seres nas situações mais desesperadoras de injustiça e conflito. Ele nunca desiste de sua determinação de ir aonde é mais necessário – para prisões, zonas de guerra e reinos infernais.

A Mãe Terra *bodhisattva* tem a capacidade de produzir, criar, abraçar e de trazer à vida criações maravilhosas, incluindo budas, *bodhisattvas*, santos e pessoas sagradas – pessoas que possuem muitas habilidades e talentos – e tantas outras espécies. Quando bebemos água, sabemos que essa água vem como um presente da Terra. Quando respiramos, sabemos que o ar é um presente de nossa Mãe. Quando comemos, sabemos que nossa comida também é um presente da Mãe Terra. Com essa consciência, a reverência pelo nosso planeta se torna algo muito natural.

Às vezes, quando há desastres naturais, furacões ou tsunamis, as pessoas culpam a Terra e dizem que ela é cruel e vingativa. No entanto, quando o planeta fornece chuva, rios e solo fértil, a elogiamos, reconhecendo e sendo gratos por tudo o que ele nos deu, e dizemos que ele é bondoso. Contudo, a ideia de bondade e maldade é um par de opostos que se origina em nossas próprias mentes. A Terra não é nem bondosa nem má. Ela simplesmente existe em toda a sua estabilidade e solidez, nos nutrindo com equanimidade e sem julgamento ou discriminação. Se olharmos profundamente, também poderemos vê-la sem julgamento e discriminação.

A Terra é um lugar sólido de refúgio

Quando sentimos que estamos frágeis e instáveis, podemos voltar a nós mesmos e buscar refúgio na Terra. A cada passo, podemos sentir a solidez dela sob nossos pés. Quando estamos verdadeiramente em contato com a Terra, podemos sentir seu abraço acolhedor e sua estabilidade. Usamos todo o nosso corpo e toda a nossa mente para retornar à Terra e nos entregar a ela. A cada respiração, liberamos toda a nossa agitação, nossa fragilidade e nosso sofrimento. Apenas estar consciente de sua presença benevolente já pode trazer alívio.

À beira do despertar do Buda, ele tocou a Terra com a mão e pediu-lhe para testemunhar seu despertar. Flores brotaram em celebração no exato local onde sua mão tocou o chão. Naquele momento, a mente do Buda se tornou tão livre e clara que ele viu milhões de flores em todos os lugares sorrindo para si.

Podemos ser como o Buda e, em momentos difíceis, tocar a Terra como nossa testemunha. Podemos buscar refúgio nela como nossa mãe original. Podemos dizer: "Eu toco a Terra pura e refrescante". Qualquer que seja nossa nacionalidade ou cultura, qualquer religião que sigamos, se somos budistas, cristãos, muçulmanos, judeus ou ateus, todos podemos ver que a Mãe Terra é um grande *bodhisattva*. Quando a virmos dessa maneira, com todas as suas muitas virtudes, andaremos mais suavemente sobre ela e trataremos ela e todos os seus filhos com mais gentileza. Sentiremos vontade de protegê-la e não de prejudicá-la ou a qualquer uma das inúmeras formas de vida que ela gerou. Pararemos de causar destruição e violência à Mãe Terra. Resolveremos a questão do que erroneamente chamamos de "problema ambiental." A Terra não é apenas o meio ambiente. A Terra somos nós. Tudo depende de termos essa percepção.

Quando você for capaz de ver a Terra como o *bodhisattva* que é, desejará se curvar e tocá-la com reverência e respeito. Então, o amor e o cuidado nascerão em seu coração. Esse despertar é a iluminação. Não procure iluminação em outro lugar. Esse despertar, essa iluminação, provocará uma grande transformação em você, de modo que terá mais felicidade, mais amor e mais compreensão do que em qualquer outra prática. Iluminação, libertação, paz e alegria não são sonhos para o futuro; são uma realidade disponível a nós no momento presente.

O tempo é agora

Não podemos esperar mais para restaurar nosso relacionamento com a Terra, porque agora ela e todos no planeta estão em real perigo. Quando uma sociedade é dominada pela ganância e pelo orgulho, há violência e devastação desnecessária. Quando perpetramos violência contra nossa própria espécie e contra outras, estamos sendo violentos conosco ao mesmo tempo. Quando soubermos como proteger todos os seres, estaremos protegendo a nós mesmos. Uma revolução espiritual é necessária se formos enfrentar os desafios ambientais que nos confrontam.

Muitos de nós estamos perdidos. Trabalhamos demais, nossas vidas são muito agitadas; nos perdemos no consumo e na distração de todos os tipos e nos tornamos cada vez mais perdidos, solitários e doentes. Muitos de nós vivem vidas muito isoladas. Já não estamos em contato com nós mesmos, com nossa família, nossos ancestrais, com a Terra ou com as maravilhas da vida ao nosso redor. Tornamo-nos alienados e nos sentimos solitários. Essa alienação é um tipo de doença que se tornou uma epidemia. Muitos de nós se sentem vazios por dentro e estão procurando algo para preencher esse vazio. Tentamos preenchê-lo tomando pílulas, intoxicantes ou consumindo coisas. No entanto, nossa adição ao consumismo, à compra e ao consumo de coisas que não precisamos está causando muito estresse e sofrimento, tanto a nós mesmos quanto à Terra. Nosso desejo por fama, riqueza e poder é insaciável, e isso coloca uma pesada carga sobre nossos próprios corpos e sobre o planeta. Não percebemos que não é a fama, a riqueza ou o poder que nos fará felizes, mas nosso nível de consciência atenta.

Apaixonando-se

A verdadeira mudança acontecerá somente quando nos apaixonarmos por nosso planeta. Apenas o amor pode nos mostrar como viver em harmonia com a natureza e com os outros, além de nos salvar dos efeitos devastadores da destruição ambiental e das mudanças climáticas. Quando reconhecermos as virtudes e os talentos da Terra, sentiremos uma conexão com ela, e o amor nascerá em nossos corações. Sentiremos vontade de estarmos conectados. Este é o significado do amor: estar em sintonia. Quando você ama alguém, deseja cuidar dessa pessoa como cuidaria de si mesmo. Quando amamos assim, o sentimento é recíproco. Faremos qualquer coisa pelo bem da Terra e podemos confiar que ela, por sua vez, fará tudo ao seu alcance pelo nosso bem-estar.

Toda manhã, após acordar e me vestir, saio da minha cabana e dou uma caminhada. Geralmente, o céu ainda está escuro, e eu caminho suavemente, consciente da natureza ao meu redor e das estrelas que estão se apagando. Uma vez, depois dessa caminhada, voltei para a minha cabana e escrevi esta frase: "estou apaixonado pela Mãe Terra". Eu estava tão animado quanto um jovem que se apaixonou. Meu coração estava batendo com emoção.

Quando penso na Terra e na minha capacidade de caminhar sobre ela, logo vem à minha mente: "vou sair para a natureza, desfrutando de tudo que é belo, apreciando todas as suas maravilhas". Meu coração está cheio de alegria. A Terra me dá tanto. Estou tão apaixonado por ela. É um amor maravilhoso; não há traição. Confiemos nosso coração à Terra e ela confiará a si mesma a nós, com todo o seu ser.

Figura 2 – Estou apaixonado pela Mãe Terra

Quando contemplamos o globo inteiro como uma grande gota de orvalho, riscada e salpicada com continentes e ilhas, voando pelo espaço com outras estrelas, todas cantando e brilhando juntas como uma só, o universo inteiro parece uma tempestade infinita de beleza.

– John Muir, *Viagens no Alasca*, 1915.

2
Caminhos para a cura

Existem muitos tipos de medicina, mas a maioria delas apenas alivia temporariamente o sofrimento de nossos corpos e mentes, não curando a fonte da nossa doença. A atenção plena, no entanto, é um verdadeiro bálsamo curativo que pode nos ajudar a acabar com o nosso sentimento de alienação e a curar tanto a nós mesmos quanto ao planeta. Se conseguirmos nos enraizar, tornando-nos um só com a Terra e tratando-a com cuidado, ela nos nutrirá e curará nossos corpos e mentes. Nossas doenças físicas e mentais serão curadas, e teremos bem-estar no corpo e no espírito.

A fundação da felicidade

A atenção plena é uma consciência não julgadora de tudo o que está acontecendo em nosso interior e ao nosso redor. Ela nos leva de volta à base da felicidade, que é estar presente no aqui e agora. Mas essa atenção plena é sempre a atenção plena em algo. Podemos estar atentos à nossa respiração, aos nossos passos, aos nossos pensamentos e às nossas ações. Esse tipo de prática exige que concentremos toda a nossa atenção no que estamos fazendo, seja caminhando ou respirando, escovando os dentes ou comendo um lanche. Quando nos concentramos na nossa respiração e nos passos que damos, podemos ver a beleza da Terra ao nosso redor mais claramente. Podemos dar cada respiração e cada passo com consciência e gratidão.

Precisamos saber como gerar alegria e felicidade em nosso cotidiano, assim como reconhecer e lidar com nossa dor e nosso sofrimento. A prática da atenção plena nos ajuda a aproveitar profundamente cada momento da vida. Se praticarmos a respiração e a caminhada atentas, podemos nos conectar com as maravilhas do nosso corpo; e quando conseguimos isso, podemos nos conectar com a Terra; e quando nos conectamos com ela, podemos nos conectar com todo o cosmos. A prática da atenção plena nos ajuda a tocar a Mãe Terra em nosso interior. A cura de nossos corpos e mentes deve vir junto à cura do planeta. Esse tipo de iluminação é crucial para um despertar coletivo. Ser atento é um ato de despertar. Precisamos acordar para o fato de que a Terra está em perigo, e de que todas as espécies vivas também estão em perigo.

A atenção plena e uma profunda consciência sobre a Terra também podem nos ajudar a lidar com a dor, com sentimentos difíceis e emoções. Ela pode nos ajudar a curar nosso próprio sofrimento e a aumentar nossa capacidade de estar cientes do sofrimento dos outros. A ciência da generosidade da Terra gerará um sentimento agradável. Saber como criar momentos de alegria e felicidade é crucial para a nossa cura. É importante conseguir ver as maravilhas da vida ao nosso redor, reconhecer todas as condições já existentes para a felicidade. Então, com a energia da atenção plena, podemos reconhecer e abraçar nossos sentimentos de raiva, medo e desespero, transformando-os e não permitindo que esse tipo desagradável de sentimento nos domine.

Quando praticamos a atenção plena, nos tornamos naturalmente mais sintonizados com o planeta. Quando conseguimos ouvir a nós mesmos e aos outros com atenção plena e compaixão, aumentamos nossa capacidade de ouvir o nosso planeta. Ao praticarmos a escuta compassiva da Terra, ouviremos que o planeta precisa desesperadamente que nos reconectemos com ele e com os outros. Não há diferença entre curar a nós mesmos e curar a Terra.

Entrar em contato com a Terra é o que curará nosso sofrimento, nossa depressão, nossa doença. Quando comemos um pedaço de pão com atenção plena, vemos a Terra, o Sol, as nuvens, a chuva e as estrelas em nosso pão. Sem esses elementos, o pão não existiria. Vemos que todo o cosmos se reuniu nesse pedaço de pão.

Aproveitando nosso tempo aqui

Muitas pessoas encurtam seu tempo neste belo planeta ao consumir coisas como álcool, cigarros, mídia tóxica ou comida em excesso para encobrir o que estão sentindo. Esse tipo de comportamento prejudica nossa saúde. Em vez disso, podemos prolongar e enriquecer nossas vidas ao nos encorajarmos a estar conscientes de cada momento.

Estamos vivendo juntos neste planeta. A Terra é como um grande pássaro que nos leva em uma viagem maravilhosa. Ela nos apoia e nos transporta, viajando ao redor do Sol a uma velocidade de mais de 100 mil quilômetros por hora. Devemos colocar nossos cintos de segurança. Devemos aproveitar cada momento. Em cada instante, podemos estar em contato com as maravilhas da vida. Não precisamos fugir ou encobrir nossos sentimentos dolorosos ou tentar esquecer memórias desagradáveis. Não precisamos de algo para nos ajudar a esquecer. Precisamos apenas saber como lembrar; como criar momentos de alegria e felicidade, como nutrir o que é nutritivo dentro de nós e como nos tornarmos conscientes das maravilhas da vida ao nosso redor.

Quando estou atento, desfruto mais de tudo, desde o primeiro gole de chá até o primeiro passo para fora de casa. Estou completamente presente no aqui e agora, não me deixando levar pelas minhas tristezas, meus medos, meus projetos, pelo passado ou pelo futuro. Estou aqui, disponível para a vida. Então ela também está disponível para mim. Cada momento pode ser um momento feliz. Você pode servir de exemplo para os outros sendo atento e gerando consciência e felicidade. Isso os ajudará a fazer o mesmo por si mesmos.

Para aproveitarmos nosso tempo juntos nesta viagem em direção ao futuro, temos que colocar nossos cintos de segurança da atenção plena, os quais nos manterão bem aqui no presente para que possamos experimentar a vida profundamente a cada momento. A atenção plena pode nos ancorar no momento presente para que não nos percamos no futuro ou no passado. Cada um de nós vem equipado com esse cinto de segurança, mas nem sempre o utilizamos. Agora é o momento de apertá-lo. Cada segundo da vida está repleto de joias preciosas. Elas são nossa consciência do céu, da Terra, das árvores, das colinas, do rio, do oceano e de todos os milagres ao nosso redor. Não queremos apenas gastar o tempo. Queremos aproveitá-lo ao máximo; viver tudo o que nos é dado para viver. Cada manhã, quando acordamos para a vida, vemos que temos um presente de vinte e quatro horas novinhas em folha. Se temos atenção plena, concentração e visão, podemos viver essas vinte e quatro horas de forma plena e alegre. Em vinte e quatro horas, podemos gerar a energia de compreensão e compaixão que beneficiará a nós mesmos, ao nosso planeta e a cada pessoa com quem entrarmos em contato.

Quando acordo, tiro um momento para lavar meu rosto. No inverno, a água da minha cabana é muito fria, então só abro a torneira um pouco, permitindo que a água saia gota a gota. Coloco minha mão sob a torneira e realmente entro em contato com a sensação da água fria. Isso me ajuda a acordar. É muito refrescante! Pego algumas dessas gotas de água e gentilmente as levo para os meus olhos, sentindo seu frescor. Eu aproveito cada instante. Não tenho pressa de terminar. Desfruto ao abrir a torneira; desfruto da sensação da água no meu rosto. Não penso em nada. Apenas desfruto do fato de estar vivo. Utilizo o tempo para estar realmente consciente do prazer que sinto com as gotas de água. A atenção plena, a concentração e a visão me ajudam a ver que essa água veio de muito longe: de altas montanhas e das profundezas da Terra. A água vem de tão longe até meu banheiro. Percebendo isso, me sinto feliz imediatamente. Com a atenção plena, cada momento em que estou vivo é uma joia, cada instante pode se tornar um momento de felicidade e alegria.

Respirando com o planeta

A base de toda prática de atenção plena é a consciência da respiração. Não há atenção plena sem consciência da nossa inspiração e expiração. A respiração consciente une o corpo e a mente e nos ajuda a perceber o que está acontecendo em nosso interior e ao nosso redor. No nosso dia a dia, frequentemente esquecemos que mente e corpo estão conectados. Nossos corpos estão aqui, mas nossas mentes não. Às vezes, nos perdemos em um livro, um filme, na internet ou em um jogo eletrônico, e somos carregados para longe do nosso corpo e da realidade na qual estamos. Então, quando interrompemos a leitura ou olhamos por cima da tela, podemos nos deparar com sentimentos de ansiedade, culpa, medo ou irritação. Raramente retornamos à nossa paz interior, à nossa ilha de calma e clareza, para estar em sintonia com a Mãe Terra.

Podemos nos prender tanto aos nossos planos, medos, agitações e sonhos a ponto de não estarmos mais vivendo em nossos corpos, não estando em sintonia com nossa verdadeira mãe, a Terra. Não conseguimos ver a beleza e a magnificência milagrosas que nosso planeta oferece. Estamos vivendo cada vez mais no mundo de nossas mentes e nos tornando cada vez mais alienados do mundo físico. Retornar à nossa respiração traz o corpo e a mente de volta e nos lembra do milagre do momento presente. Nosso planeta está bem aqui, poderoso, generoso e acolhedor a cada momento. Uma vez que reconhecemos essas qualidades da Terra, podemos encontrar refúgio nela em nossos momentos difíceis, tornando mais fácil abraçar nossos medos e sofrimentos, sendo capazes de transformá-los.

A consciência da inspiração e da expiração, antes de tudo, nos acalma. Ao prestar atenção, sem julgamento, à sua respiração, você traz paz ao seu corpo e libera a dor e a tensão. Você pode dizer:

> Inspirando, acalmo meu corpo.
> Expirando, meu corpo está em paz.
> Inspirando, encontro refúgio na Mãe Terra.
> Expirando, liberto todo o meu sofrimento para a Terra.

Quando nossas mentes e corpos se acalmam, começamos a ver mais claramente. Quando vemos mais claramente, nos sentimos mais conectados a nós mesmos e à Terra, tendo mais compreensão. Onde há clareza e compreensão, o amor pode florescer, pois o verdadeiro amor se baseia na compreensão.

Podemos achar que os problemas da Terra ou nossos próprios problemas pessoais são esmagadores, o que faz nos sentirmos impotentes. Mas apenas prestando atenção à nossa respiração, podemos trazer uma clareza que nos dará *insights* sobre o que fazer para ajudar a nós mesmos e ao nosso mundo.

Há pessoas que têm asma e outras condições pulmonares que dificultam muito a respiração. Mas se nossos pulmões estão saudáveis e nosso nariz não está entupido, podemos respirar com facilidade. Devemos apreciar essa capacidade e saborear cada respiração como um milagre. Cada ato de respirar contém nitrogênio, oxigênio e vapor de água, assim como outros elementos. Portanto, cada respiração nossa contém a Terra. A cada ato de respirar, somos lembrados de que somos parte deste belo planeta que gera a vida.

Fazer nada é fazer algo

Meditar não é fugir da vida, mas dedicar um tempo para olhar profundamente para nosso interior ou para uma situação. A meditação é uma oportunidade para cuidar do nosso corpo e da nossa mente. É por isso que é tão importante. Por meio dela, permitimo-nos o tempo para acalmar nossos pensamentos, sentar, caminhar, respirar – não fazer nada, apenas voltar para nós mesmos e para o que está ao nosso redor. Permitimo-nos o tempo para liberar a tensão do nosso corpo e da nossa mente. Então, podemos dedicar tempo para olhar profundamente para o nosso interior e para a situação em que estamos.

Se nos sentimos impotentes ou sobrecarregados, se temos raiva, medo ou desespero, então, não importa o que façamos para tentar curar a nós mesmos ou ao nosso planeta, não teremos sucesso. Meditar é a coisa mais básica e crucial que podemos fazer. É nos dar uma chance de nos libertarmos do desespero, de tocar a ausência de medo e de nutrir nossa compaixão. Com a visão e a coragem nascidas da meditação, seremos capazes de ajudar não apenas a nós mesmos, mas também a outras espécies e ao nosso planeta.

Quando praticamos a meditação sentados, a primeira coisa que fazemos é trazer paz para a nossa respiração e para o nosso corpo. Preste atenção na sua inspiração e expiração. Sua respiração se tornará naturalmente mais tranquila, suave, e também será muito agradável. Sente-se apenas pelo prazer de sentar. Pare de pensar e preste atenção apenas em sua respiração. Respirar de maneira consciente traz sua mente de volta para o seu corpo. Traga sua consciência para o seu corpo, relaxe-o e libere qualquer tensão que esteja nele. Seu corpo é um milagre e quando você pode tocar essa maravilha, tem a oportunidade de tocar a maravilha da Mãe Terra dentro de si, e a cura começa imediatamente – não precisamos esperar dez anos para que a cura aconteça. Muitos de nós adoecemos porque estamos alienados de nosso corpo e do corpo da Terra. Então, a prática é voltar para a Mãe Terra para obter a cura e a nutrição que precisamos tão desesperadamente. A Mãe Terra está sempre pronta para nos abraçar e ajudar a nos nutrir e curar. E, à medida que nos curamos, estamos ajudando o planeta a se curar ao mesmo tempo.

Tendemos a pensar que temos que fazer algo para curar a Terra. Mas apenas sentar com concentração e atenção plena já é fazer algo. Não precisamos lutar para sentir os benefícios de sentar. Apenas permita-se sentar tranquilamente. Permita-se ser você mesmo. Não faça nada. Apenas permita que a meditação e a respiração ocorram. Não se esforce; o relaxamento virá. Quando você estiver completamente relaxado, a cura ocorrerá por si mesma. Não há cura sem relaxamento. E relaxamento significa não fazer nada. Há apenas a respiração e o sentar. Não tente forçar sua respiração. Apenas permita que ela siga seu ritmo natural. Apenas desfrute da sua inspiração e expiração. A cura começa quando você está tentando não fazer nada. Essa é a prática da não prática.

Se soubermos como encontrar refúgio na Mãe Terra, podemos experimentar a cura por meio da meditação, da caminhada ou simplesmente respirando. Podemos sentir sua solidez sob nossos pés, ver sua majestade em altas montanhas e lagos, no vasto céu azul, em rios sinuosos e oceanos profundos. Se realmente acreditarmos no poder do planeta para se curar, sabemos que ele também pode nos curar. Não precisamos fazer nada. É preciso apenas nos entregarmos à Mãe Terra, e ela fará tudo por nós. Nós somos a Terra. A Terra somos nós. Podemos permitir que esse processo aconteça por si mesmo.

Enquanto estamos sentados, podemos nos dar conta de que lá fora, no céu, há tantas estrelas. Podemos não ser capazes de vê-las, mas elas estão lá, mesmo assim. Estamos sentados em um planeta incrivelmente belo, que gira em nossa galáxia, a Via Láctea, um rio contendo trilhões de estrelas. Se somos capazes de ter essa consciência quando estamos sentados, então o que mais precisamos para sentar? Vemos todas as maravilhas do universo e do nosso planeta muito claramente. Quando sentamos com esse tipo de consciência, podemos abraçar todo o mundo, do passado ao futuro. Quando sentamos assim, nossa felicidade é ilimitada.

O presente da comida

O alimento que comemos é um presente da Terra. Quando der uma mordida no pão ou um gole de chá, faça isso com consciência. Sua mente não deve estar em outro lugar, pensando no trabalho ou planejando o futuro. Olhe profundamente para o pão e veja os campos de trigo dourados e a bela paisagem ao redor deles; veja o trabalho do agricultor, do moleiro e do padeiro. O pão não vem do nada. Ele vem dos grãos, da chuva, do Sol, do solo e do trabalho duro de muitas pessoas. Todo o universo trouxe esse pedaço de pão para você. Quando parar de pensar e trouxer sua mente de volta ao momento presente, você poderá olhar profundamente para o pedaço de pão e perceber isso. Alguns segundos são suficientes para praticar a atenção plena e a concentração, que levam à percepção de que o pedaço de pão em suas mãos é um verdadeiro milagre, contendo todo o universo; você vê que o pão é um embaixador do cosmos. Sem a atenção plena, ainda podemos obter alguma nutrição do pão, mas quando estamos verdadeira e profundamente em contato com o pão, somos nutridos por todo o universo. Recebemos o corpo do cosmos em cada pedaço de comida que comemos.

Sentar com os amigos e praticar a alimentação consciente pode trazer muita alegria. Quando mastigar, esteja consciente de que todo o universo está de maneira milagrosa se reunindo maravilhosamente em sua boca. Não ingira suas preocupações, sua ansiedade ou seus planos. Abra os olhos, olhe para as pessoas ao seu redor e sorria. Esteja presente com a comida e com as pessoas sentadas à mesa com você. Veja que você e o universo são um só, e que você e seus amigos estão se apoiando mutuamente. Todos se beneficiarão da energia coletiva da atenção plena, da paz e fraternidade, e serão nutridos de uma maneira que possibilita a cura e a transformação.

Quando terminar de comer, reserve alguns momentos para ver que seu prato está vazio e sua fome está satisfeita. Sentimo-nos preenchidos com gratidão quando percebemos o quanto somos afortunados por termos alimento nutritivo para comer; alimento esse que nos dá suporte no caminho da compreensão e do amor.

Esses passos salvarão sua vida

Caminhar com atenção plena é uma prática maravilhosa que nos ajuda a receber a nutrição e a cura por parte da Terra. Quando você abre a porta e sai para o ar fresco, você se conecta com o ar, com o chão e com todos os elementos ao seu redor. Cada passo consciente dado com atenção é um passo dado em liberdade. Cada passo é uma oportunidade para celebrar o milagre da vida. Cada passo pode nos colocar em contato com o corpo e a mente. Ambos devem estar presentes quando damos um passo. Precisamos estar totalmente presentes. Cada passo dado, suave e gentilmente e com consciência sobre a Mãe Terra, pode nos trazer muita cura e felicidade.

Quando caminhamos, sabemos que não estamos pisando em algo inanimado. O chão sobre o qual caminhamos não é matéria inerte. Em cada partícula de poeira ou grão de areia há incontáveis *bodhisattvas*. Quando caminhamos com atenção plena, podemos estar em contato, por meio dos nossos pés, com o *grande bodhisattva*, a Mãe Terra.

Entendendo a Terra dessa forma, podemos caminhar pelo planeta com tanto respeito e reverência quanto caminhamos em uma casa de culto ou em qualquer espaço sagrado. Podemos trazer nossa plena consciência a cada passo. Passos como esses têm o poder de salvar nossas vidas. Eles podem nos resgatar do estado de alienação em que vivemos e nos trazer de volta a um lugar de verdadeiro refúgio, reconectando-nos com nós mesmos e com a Terra. Caminhar com cem por cento do seu corpo e mente pode te libertar de raiva, medo e desespero. Enquanto caminha, você pode dizer:

Com cada passo, eu volto para a Terra.

Com cada passo, eu retorno à minha origem.

Com cada passo, eu busco refúgio na Mãe Terra.

Cada passo pode expressar seu amor pela Terra. À medida que você caminha, pode dizer:

Eu amo a Terra. Eu estou apaixonado pela Terra.

Caminhar com atenção plena significa caminhar com plena consciência desse amor. Preenchidos de amor e compreensão, podemos nos tornar profundamente conscientes de cada coisa neste planeta. Notamos que as folhas nas árvores são de um verde claro surpreendente na primavera, um verde vibrante no verão, um amarelo vivo, laranja e vermelho no outono, e então, no inverno, quando os galhos estão nus, a árvore continua a se manter ereta, forte e bela, abrigando a vida em seu interior. A Mãe Terra recebe as folhas caídas e as decompõe para criar novos nutrientes para a árvore, para que ela possa continuar a crescer.

Quando caminhar, não pense em mais nada. A maioria de nós tem um rádio constantemente ligado em nossa cabeça, sintonizado na estação rádio PSP, rádio pensamento sem parar. A maior parte desses pensamentos é improdutiva. Quanto mais pensamos, menos disponíveis estamos para o que está ao nosso redor. Portanto, precisamos aprender a desligar o rádio e a parar de pensar para desfrutar plenamente do momento presente.

Quando caminhar, apenas caminhe, dando cem por cento da sua atenção e consciência à sua caminhada. Dessa forma, você estará presente para o chão sob seus pés, para as plantas à sua frente, as nuvens acima de você e para as pessoas ao seu redor.

Quando caminhamos, não estamos sozinhos. Nossos pais e antecessores estão caminhando conosco. Eles estão presentes em cada célula dos nossos corpos. Então, cada passo que nos traz cura e felicidade também traz para nossos pais e antecessores. Cada passo consciente tem o poder de nos transformar e a todos os ancestrais em nosso interior, incluindo nossos antecessores animais, vegetais e minerais. Não caminhamos apenas para nós mesmos. Quando caminhamos, caminhamos para a nossa família e para o mundo inteiro.

Quando caminhamos com atenção plena, recebendo nutrição da Terra, temos a oportunidade de praticar a inclusão. A cada passo, podemos fazer um voto para proteger todas as espécies na Terra. A cada passo, podemos dizer:

Eu sei que a Terra é minha mãe, um grande ser vivo.

Eu faço um voto para proteger a Terra, e ela me protege.

Cada passo dado com atenção plena nos aproxima um passo a mais da nossa cura e da cura do nosso planeta.

Ouvir com atenção

A palavra em sânscrito *sravaka* geralmente significa "discípulo", mas, literalmente, significa "ouvinte". Um *sravaka* é alguém que aprende ouvindo ensinamentos. Cada um de nós pode ser alguém que sabe ouvir profundamente. Podemos praticar a escuta profunda de nós mesmos, dos outros e da Terra. Quando praticamos a escuta atenta, ouvimos para entender e aliviar o sofrimento. Todos nós temos um sofrimento interior do qual precisamos cuidar e não fugir. Ouvimos de maneira que somos capazes de ganhar sabedoria e cultivar a compaixão. Mas antes de podermos ouvir o próximo, primeiramente, precisamos saber como ouvir a nós mesmos. Precisamos restaurar a comunicação conosco e não fugir de nós mesmos ou tentar cobrir sentimentos desagradáveis e desconfortáveis em nosso interior.

Na verdade, precisamos estar presentes para nós mesmos a fim de entender nosso sofrimento e nossas dificuldades. A primeira coisa que devemos fazer é reconhecer e admitir que sofremos. Se conseguirmos reconhecer o fato de que estamos sofrendo, então temos uma chance de transformar esse sofrimento. O segundo passo é ter coragem para olhar profundamente para ele, ouvi-lo e abraçá-lo, a fim de entender a sua natureza. Muitos de nós fazemos tudo para evitar voltarmos a nós mesmos, pois temos medo de que, fazendo isso, tocaremos o nosso sofrimento, e ele nos sobrecarregará. É por isso que precisamos nos treinar na prática da atenção plena, na respiração, na meditação e na caminhada, porque ao fazer todas essas coisas com atenção plena geramos uma energia que pode nos ajudar a ser fortes. Sem atenção plena podemos nos sentir sobrecarregados. Mas com atenção plena podemos estar ativos, temos uma chance de fazer algo, de entender nosso sofrimento e ver o caminho para sair dele. Quando entendemos nosso sofrimento, ele se transforma.

Podemos falar da "arte de sofrer". Podemos aprender a fazer bom uso do nosso sofrimento para criar felicidade. Podemos aprender muito com o nosso sofrimento. Sabemos que entender nosso sofrimento dá origem à compaixão por nós mesmos; e a compaixão é essencial para a nossa felicidade.

Quando sabemos ouvir nosso próprio sofrimento com compaixão, podemos ouvir outra pessoa com a mesma compaixão, ajudando o outro a sofrer menos também. Mas não podemos fazer isso se não reconhecermos primeiro o sofrimento que há em nós mesmos. É por isso que ouvi-lo profundamente é crucial. Então a compaixão surgirá em nós e sofreremos menos, sendo capazes de ajudar mais os outros.

Quando vemos que outra pessoa está sofrendo, a compaixão nasce em nossos corações, e queremos fazer tudo o que está ao nosso alcance para ajudá-la a sofrer menos. Por vermos e entendermos o sofrimento do outro, não o culpamos pelo seu comportamento. Só queremos ajudá-lo e trazer alívio. Podemos fazer isso ouvindo profundamente, com compaixão e sem julgamento.

Restaurando o equilíbrio

Quando soubermos ouvir profundamente, com atenção plena, seremos capazes de ouvir a Terra e perceber seu sofrimento. Ela está fora de equilíbrio; como espécie, não devolvemos ao planeta tanto quanto tomamos dele. Exploramos os recursos naturais da Terra e poluímos seu ambiente. Quando perturbamos o equilíbrio da Mãe Terra, geramos muito sofrimento. Ouvindo profundamente, veremos o que ela precisa para recuperar seu equilíbrio natural.

O planeta já experimentou muito sofrimento no passado, mas conseguiu se recuperar. Ele enfrentou desastres naturais como colisões com outros planetas, meteoritos e asteroides, além de períodos severos de seca, incêndios florestais e terremotos, e ainda assim foi capaz de se restaurar após todos esses eventos. Agora estamos impondo tanta pressão à Terra, poluindo a atmosfera, aquecendo o planeta e envenenando os oceanos, que ela não consegue se curar sozinha. Ela perdeu seu equilíbrio. O fato de termos perdido a conexão com o ritmo natural do planeta é a causa de muitas doenças modernas. Algumas pessoas acreditam que Deus está punindo a Terra, mas, na verdade, todos nós precisamos aceitar a responsabilidade pelo que está acontecendo com o nosso planeta. Precisamos ver nosso papel nesse processo e saber o que fazer para proteger nossa Mãe Terra. Não podemos simplesmente contar com ela para cuidar de nós; também precisamos cuidar dela.

A menos que restauremos o equilíbrio no planeta, continuaremos causando muita destruição, e será difícil para a vida na Terra continuar. Precisamos perceber que as condições que ajudarão a restaurar o equilíbrio necessário não vêm de fora, mas do nosso interior, de nossa própria atenção plena, de nosso próprio nível de consciência. Nossa própria consciência despertada é o que pode curar a Terra.

Há uma revolução que precisa acontecer, e ela começa dentro de cada um de nós. Quando mudarmos a maneira como vemos o mundo e percebemos que nós e a Terra somos um só, começando a viver com atenção plena, nosso próprio sofrimento começará a diminuir. Quando não estivermos mais sobrecarregados pelo nosso próprio sofrimento, teremos a compaixão e a compreensão para tratar a Terra com amor e respeito. Restaurando o equilíbrio dentro de nós mesmos, podemos começar a restauração do equilíbrio do planeta. Não há diferença entre a preocupação com a Terra e a que temos para conosco e com nosso próprio bem-estar. Não há diferença entre curar o planeta e curar a nós mesmos.

Figura 3 – Eu me refugio na Terra – o grande *bodhisattva*

De repente, por trás da borda da lua, em momentos longos e lentos de imensa majestade, emerge uma joia azul e branca cintilante, uma esfera azul-claro leve e delicada, entrelaçada com véus brancos que giram lentamente, subindo gradualmente como uma pequena pérola em um espesso mar de mistério negro. Leva mais do que um momento para perceber totalmente que essa é a Terra... nossa casa.

– Edgar Mitchell, astronauta da Apollo 14 (1971)

3
Bem-vindo ao lar

Em 1969, pela primeira vez, as pessoas viram imagens da Terra tiradas por astronautas que orbitavam a Lua. Foi a primeira vez que vimos o nosso planeta como um todo. Vista do espaço, a Terra pôde ser enxergada como um único sistema vivo. Pudemos ver como ela era linda, mas também frágil, assim como sua atmosfera – apenas uma camada fina nos protegendo. Para os astronautas, a Terra parecia uma joia dinâmica, viva e constantemente brilhante. Quando vi essas fotos pela primeira vez, fiquei maravilhado. Pensei: "Querida Terra, eu não sabia que você era tão bonita. Eu vejo você em mim. Eu me vejo em você".

O físico Albert Einstein, ao olhar profundamente para o mundo natural, foi tocado pela grande harmonia, elegância e beleza do cosmos. Isso produziu nele um sentimento de grande admiração e amor, que descreveu como um sentimento religioso cósmico. Einstein não acreditava em religião ou em um deus, mas ao olhar para a natureza do cosmos, expressou um sentimento religioso que transcendia a necessidade de um deus pessoal e evitava o dogma e a teologia.

Buscando refúgio e assumindo responsabilidade

Muitas pessoas pensam que o paraíso está em algum outro lugar para o qual desejam ir quando morrerem. No entanto, não há provas de que tal lugar realmente exista. Não devemos nos deixar seduzir pela ideia de um paraíso distante. A Terra é real. Ela está aqui. É um fenômeno maravilhoso, presente aqui e agora. Na verdade, a Terra é o lugar mais belo dos céus. Precisamos voltar para nos refugiar na Mãe Terra. O Reino de Deus está na Terra e cada passo dado com atenção plena pode nos colocar em contato com ele. Quando voltamos ao momento presente e estamos em contato conosco mesmos, com nossas mentes calmas e nossos sentidos abertos, podemos ver as maravilhas da vida ao nosso redor. Podemos ver que estamos realmente caminhando no Reino de Deus. Todos os dias, enquanto caminhamos no planeta, podemos dizer:

> Eu me refugio na Terra.
>
> Eu amo a Terra.
>
> Estou apaixonado pela Mãe Terra.

Eu cheguei

Refugiar-se na Terra é voltar para a nossa verdadeira casa. Há aqueles de nós que vivem em casas muito confortáveis. Talvez você tenha um teto sobre sua cabeça, uma cama confortável para dormir, comida suficiente para comer e, ainda assim, não se sinta em casa. Todos nós estamos à procura de nossa verdadeira casa, o lugar no qual nos sentimos seguros e protegidos. Se praticarmos a respiração consciente e, em cada respiração, entrarmos em contato com a Terra, então saberemos que já estamos em casa. Ao praticar a caminhada consciente, temos a chance de entrar em profunda comunhão com o planeta e podemos perceber que ele é nossa casa. Uma respiração, um passo, é tudo o que precisamos para nos sentirmos em casa e nos sentirmos confortáveis no aqui e no agora. Quando conseguirmos olhar para nós mesmos dessa maneira e nos refugiarmos em nossa ilha interior, nos tornaremos nosso próprio lar e, ao mesmo tempo, um refúgio para os outros.

O ensinamento mais curto e profundo que posso oferecer é este: "Eu cheguei. Estou em casa". Inspirando, você sabe que já chegou. Expirando, você sabe que está em casa. Com cada respiração, você pode trazer seu corpo e sua mente de volta ao momento presente. Você não precisa mais correr atrás de nada. A Terra já está aqui. Você se sente completamente satisfeito com o momento presente. Nada está faltando. Em cada passo, você pode dizer:

Eu cheguei.

Estou em casa.

Figura 4 – O Reino de Deus é a Terra

Retornando à Terra

Muitos de nós nos perguntamos o que acontecerá conosco quando morrermos. Alguns acreditam que, após a desintegração deste corpo, subiremos ao céu ou às nuvens. Muitos acreditam que iremos para um paraíso distante depois da morte e imaginam que deve ser um lugar maravilhoso, sem sofrimento.

Mas sabemos que precisamos do nosso sofrimento, pois compreendemos a sua bondade. Podemos fazer bom uso dele, olhando-o profundamente, reconhecendo-o e abraçando-o. Dessa forma, ele se transformará, aumentando nossa compreensão, nosso amor e nossa compaixão. Nosso sofrimento é o adubo que permite que belas flores cresçam. Não precisamos encontrar um lugar imaginário no qual não haja dor ou sofrimento e onde finalmente possamos ser felizes. Podemos aceitar a Terra como nossa pátria. Ela é uma realidade viva que podemos tocar, ver e experimentar diretamente, aqui e agora.

Ao enxergarmos dessa maneira, podemos superar o medo da morte. Nascemos da Terra e retornaremos à Terra; nada se perde. Como o cientista francês do século XVIII Antoine Lavoisier descobriu: nada se cria, nada se destrói; tudo está em transformação. A energia pode ser transformada de uma forma para outra, mas não pode ser criada ou destruída.

Não precisamos ir a outro lugar quando morrermos. Já carregamos a *bodhisattva* Mãe Terra dentro de nós. Quando realmente compreendermos que nós e a Terra somos um, e não duas entidades separadas, todo o medo se dissolverá. Quando percebermos que a Terra nos deu à luz e que ela nos receberá novamente no final de nossas vidas, apenas para nos trazer à existência em uma nova manifestação, alcançaremos um estado de não medo. Sabemos que nada se perde; nada se ganha. Nada nasce; nada morre. Não estamos mais presos à ideia de que somos um "eu" separado. Não faremos mais perguntas como: "O que acontecerá comigo depois que meu corpo se desintegrar? Para onde vou? Ainda existirei ou não?"

Não precisamos esperar até morrermos para voltar à Mãe Terra. De fato, já estamos no processo de retornar a ela. Milhares de células em nossos corpos morrem a cada momento, e novas células nascem. Sempre que respiramos, sempre que caminhamos, estamos retornando à Terra. Sempre que nos coçamos, células mortas caem da pele. Estamos constantemente morrendo e renascendo. Há um ciclo contínuo de entrada e saída acontecendo o tempo todo. Estamos retornando à Mãe Terra a cada momento como parte natural do processo da vida.

O que queremos dizer quando dizemos que alguém "morreu"? Usamos a palavra "morrer", mas essa não é a palavra correta. Em nossa maneira usual de pensar, morrer significa que, de alguém, subitamente nos tornamos ninguém. Significa que passamos do reino do ser para o reino do não ser. Mas ao pensarmos profundamente vemos que é impossível morrer. A matéria pode ser transformada em energia, e a energia pode ser transformada em matéria. Nada se perde. Nada morre. Há apenas transformação.

Pense em uma nuvem. Antes de aparecer como tal, ela deve ter sido outra coisa. A nuvem não poderia ter surgido do nada. Ela é apenas uma manifestação, uma continuação. Antes de aparecer no céu, ela existia em outra forma – como névoa, oceano, chuva ou rio. Se olharmos profundamente para a natureza de uma nuvem, veremos que ela não pode morrer e passar do estado de ser para o de não ser. Uma nuvem pode se transformar em chuva, neve ou gelo, mas não pode se tornar nada. Portanto, se o céu estiver limpo, isso não significa que a nuvem tenha morrido. Ela continua existindo em outras formas.

Quando olhamos para uma nuvem, temos a tendência de dizer que ela existe. Existência é uma percepção. Amanhã, se não virmos essa nuvem, podemos dizer que ela não está mais lá; que ela não existe mais. Mas há umidade no ar que respiramos. E essa umidade pode eventualmente formar parte de uma nuvem. Não vemos a umidade no ar, mas sabemos que ela existe e que uma nuvem está escondida nela. Quando não vemos algo, podemos pensar que não existe. Mas a verdadeira natureza de uma nuvem é a de não nascimento e não morte. Superficialmente, há nascimento e morte. Essa é a visão convencional. Mas, olhando profundamente, na dimensão última, vemos que não há nascimento nem morte. Essa é a verdade suprema.

Se uma nuvem não pode morrer, como nós poderíamos? Um dos primeiros *insights* do Buda foi o do surgimento interdependente. Tudo surge em dependência de tudo o mais. Não há começo nem fim; não há criação ou destruição. Isso é igualmente verdadeiro para o universo. Bilhões e bilhões de condições se uniram para que nos manifestássemos nesta forma. Quando surgirem condições diferentes, nos manifestaremos de outra maneira. Se você olhar ao redor no outono, notará que há folhas secas cobrindo o chão. Não creio que as folhas caídas sofram. Elas estão apenas retornando à Mãe Terra para renascerem novamente. Então, todos nós somos como uma folha. Passamos algum tempo na árvore, aproveitando o sol, a chuva, o vento, e, ao mesmo tempo, nutrimos essa árvore. A folha passa muitos meses na árvore, absorvendo dióxido de carbono e luz solar, produzindo oxigênio e desfrutando de sua existência. Nesse meio tempo, ela cria alimento para a árvore e a ajuda a crescer.

Imagine que a Terra é a árvore, e nós somos uma folha. Tendemos a pensar que a Terra é uma enquanto nós somos um outro separado dela. Mas, na verdade, estamos dentro da Terra. Podemos pensar que um dia morreremos e retornaremos a ela. Mas não precisamos morrer para voltar à Mãe Terra. Eu estou na Mãe Terra agora, e ela está em mim. Podemos dizer:

Inspirando, eu sei que Mãe Terra está em mim.

Expirando, eu sei que estou na Mãe Terra.

Quando olhamos através de um caleidoscópio, vemos uma bela imagem simétrica. E sempre que giramos o caleidoscópio, a imagem desaparece. Podemos descrever isso como um nascimento ou uma morte? Ou é apenas uma manifestação? Após essa manifestação, surge outra que é igualmente bela. Nada se perde. Na nossa forma atual, somos uma bela manifestação que a Mãe Terra ajudou a criar. Quando essa manifestação terminar, nos manifestaremos de outra maneira. Não há nascimento nem morte. Ser uma nuvem pode ser maravilhoso, mas ser chuva caindo na Terra também é maravilhoso.

Você pode gostar de se deitar no chão e entrar em contato com a Mãe Terra. Você pode dizer:

Mãe Terra, estou em você.

Estou morrendo e nascendo a cada momento.

Você está sempre presente.

Estamos nascendo e morrendo a cada momento. Contemplar a morte, na verdade, é muito útil e até agradável, porque nos ajuda a ver nossa verdadeira natureza de não nascimento e não morte, e nos lembra que não temos nada a temer. A Terra está sempre disponível para nos ensinar isso. Ao tocarmos essa nossa natureza, deixamos de ser vítimas da ansiedade e do medo, e a alegria se torna possível imediatamente. A Terra tem medo de morrer? Não. O planeta não tem medo de morrer. Ele sabe que é o cosmos. Assim como somos feitos de elementos não humanos, e a flor é cheia de elementos não flor, a Terra é feita de elementos não Terra. Como nós, a Terra contém ar, fogo e água, assim como o Sol e partículas de estrelas distantes em galáxias longínquas. De fato, podemos ver que a Terra é feita exclusivamente de elementos não Terra. Todo o cosmos se uniu para produzir a maravilha que é este planeta. Assim como nós, ela pode mudar de forma, mas nunca pode morrer.

Nosso legado

A cada momento em que estamos vivos neste corpo, nesta manifestação humana, estamos emitindo energia. Essa energia pode ser transformada, mas não pode morrer; ela permanece no mundo para sempre. A palavra sânscrita para isso é karma, que significa ação. O karma é a ação de nossos pensamentos, nossas palavras e nosso corpo. Um pensamento é uma ação porque já possui energia e tem o poder de afetar as coisas. Quando produzimos um pensamento de compaixão, compreensão e amor, ele tem o poder de curar nosso corpo, nossa mente e o mundo. Se produzimos um pensamento de ódio, raiva ou desespero, ele não afeta apenas a nós mesmos, mas também o mundo; ele pode nos destruir e levar à destruição de muitas outras vidas.

Suponha que uma nação produza um pensamento coletivo de raiva e medo e decida ir à guerra. Todo o país está, então, gerando medo e raiva. Esse sentimento coletivo pode causar muita destruição e sofrimentos reais. O karma é muito poderoso. Os pensamentos e sentimentos que enviamos ao mundo têm um efeito poderoso. Cada pensamento que produzimos, tudo o que dizemos e fazemos, é uma ação. Essas ações continuam para sempre. Elas podem se transformar, mas, como a nuvem, não desaparecerão. Precisamos reconhecer o poder de nosso karma e tomar uma firme decisão de estarmos atentos aos nossos pensamentos, palavras e ações para curar a nós mesmos e à Terra.

4
Amplificando nosso poder

Se a energia de nossos pensamentos, palavras e ações é poderosa, ela se torna infinitamente mais poderosa quando nos unimos. Quando nos reunimos como um grupo, com um propósito comum e compromisso com a ação consciente, produzimos uma energia de concentração coletiva muito superior à nossa própria concentração individual. Essa energia ainda nos ajuda a cultivar compaixão e compreensão. Se praticarmos o assentar, a caminhada, a fala e a escuta conscientes juntos como um grupo, poderemos todos sentir a energia coletiva e receber nutrição e cura. Essa energia pode levar a uma compreensão e a um despertar coletivos.

Nossa compaixão, atenção plena e concentração coletivas nos nutrem, mas também podem ajudar a restabelecer o equilíbrio da Terra e a restaurar a harmonia. Juntos, podemos promover uma verdadeira transformação para nós mesmos e para o mundo.

Nutrição coletiva

Quando oferecemos nossa energia pacífica aos outros, somos nutridos pela energia pacífica que eles refletem de volta.

A energia coletiva nos fortalece e nos nutre, ajudando-nos a continuar em nosso caminho de consciência. É por isso que precisamos criar uma comunidade de prática. Se praticarmos sozinhos, não seremos capazes de gerar energia coletiva suficiente ou de receber nutrição suficiente, privando-nos não apenas desse alimento espiritual essencial, mas também privando os outros de nossa energia pacífica e compassiva.

Se você pode sentar e meditar sozinho, tranquilamente e em paz, isso é maravilhoso. Mesmo que ninguém mais saiba que você está meditando, a energia que você produz ainda é benéfica. A bela e pacífica energia que você cria se espalhará pelo mundo. Mas se você se sentar, caminhar e trabalhar com outras pessoas, a energia criada é amplificada, de modo que haverá muito mais energia para sua própria cura e para a cura do mundo. É demais para uma pessoa fazer sozinha! Não prive o mundo desse alimento espiritual essencial.

Precisamos nos reunir regularmente como uma *Sangha* para praticarmos juntos e apoiar uns aos outros. Algumas dezenas de pessoas praticando a atenção plena juntas podem criar uma energia coletiva muito poderosa. Quando algumas centenas, mil pessoas ou mais se reúnem para praticar a concentração e a atenção plena, isso pode produzir as poderosas energias de alegria e compaixão, as quais podem curar a nós mesmos e ao mundo.

Milhares de nós participaram de meditações coletivas, de caminhada e de meditação em massa em algumas das cidades mais movimentadas do mundo. Caminhamos de modo consciente e pacífico ao redor do Lago Hoan Kiem, em Hanói. Deixamos pegadas de paz e liberdade nas antigas ruas e praças de Roma. Milhares de nós sentaram em silêncio e em tranquilidade na movimentada Trafalgar Square, em Londres, e no Zucotti Park, em Nova York. Todos que participam e testemunham essa prática coletiva têm a chance de entrar em contato com a energia de paz, liberdade, cura e alegria. A energia coletiva gerada em tais ocasiões é um presente que podemos oferecer a nós mesmos, uns aos outros, à cidade e ao mundo.

Cultivando a alegria

Quando praticamos a atenção plena, estamos fazendo algo pelo conjunto da Terra e por todos os seus habitantes. Estamos devolvendo e fornecendo à Terra a nutrição necessária. Nossa consciência coletiva produz alegria, e a alegria é um alimento de que nós e a Terra precisamos para sobreviver.

Podemos pensar na alegria como algo que acontece espontaneamente. Poucas pessoas percebem que ela precisa ser cultivada e praticada para crescer. Quando nos sentamos em atenção plena com outros, é mais fácil se sentar. Quando caminhamos de modo consciente com os outros, é mais fácil caminhar. A energia coletiva pode nos ajudar quando estamos cansados ou quando nossa mente divaga. Ela pode nos trazer de volta a nós mesmos. É por isso que é tão importante praticar com os outros. A princípio, podemos nos preocupar se estamos meditando, sentados ou caminhando corretamente, o que pode nos levar a hesitar em praticar com os outros por medo de sermos julgados. Mas todos nós sabemos como sentar e como respirar. Isso é tudo o que precisamos fazer. Depois de apenas alguns momentos concentrando-nos na nossa respiração, podemos trazer paz e calma para nosso corpo e mente. Precisamos apenas prestar atenção na nossa inspiração e expiração. Foque nisso. Isso é tudo o que é necessário para começar a acalmar a agitação em sua mente e seu corpo. Você só precisa permanecer pacificamente em sua inspiração e expiração por um curto período e começará a restaurar a estabilidade e a paz dentro de si. A concentração daqueles ao seu redor também o apoiará à medida que você começa a praticar. Faça isso um pouco a cada dia, sozinho ou com os outros. Quando você treina assim, torna-se cada vez mais fácil retornar à sua respiração consciente. Quanto mais você se treina, mais facilmente toca as profundezas de sua consciência e mais facilmente pode gerar a energia da compaixão. Cada um de nós pode fazer isso.

Juntar-se ou criar uma comunidade com pessoas que têm os mesmos pensamentos é muito útil para a nossa prática. A prática do grupo nos ajuda a manter e fortalecer nossa prática individual. Não podemos nos curar ou curar a Terra sozinhos.

Quando praticamos juntos, como uma comunidade, nossa prática de atenção plena se torna mais alegre, mais relaxada e estável. Somos campainhas de atenção plena uns para os outros, nos apoiando ao longo do caminho da prática. Com o apoio da comunidade, podemos cultivar paz e alegria em nós mesmos, e, então, podemos oferecer àqueles ao nosso redor. Cultivamos nossa solidez e liberdade, nossa compreensão e compaixão. Praticamos o olhar profundo para obter o tipo de *insight* que pode nos libertar do sofrimento, do medo, da discriminação e dos mal-entendidos.

Trazemo-nos de volta ao momento presente para estarmos em contato com a Mãe Terra e para vermos que já temos condições suficientes para sermos felizes; a felicidade é possível no momento presente. O encorajamento e o apoio de uma *Sangha*, uma comunidade de prática, podem nos ajudar enormemente. Quando praticamos juntos, a atenção plena se torna fácil e natural.

Cidadãos da Terra

Tendemos a pensar nos seres humanos como pertencentes a dois grupos: aqueles que são semelhantes a nós e aqueles que são diferentes. Permitimos que as fronteiras políticas obscureçam nossa interconexão. O que muitas vezes chamamos de patriotismo é, na verdade, uma barreira que nos impede de ver que somos todos filhos da mesma mãe. Cada país chama sua nação de terra-mãe ou pátria. Cada país tenta mostrar como ama sua mãe. Mas ao fazer isso cada nação está contribuindo para a destruição de nossa mãe maior, nossa mãe coletiva, a Terra. Ao nos concentrarmos em nossas fronteiras criadas pelo homem, esquecemos que somos corresponsáveis pelo planeta como um todo.

Quando percebemos que somos todos filhos da mesma mãe, naturalmente queremos cultivar e fortalecer nosso senso de pertencimento a uma grande família. Quando falamos em proteger nosso planeta, muitas vezes falamos em encontrar novas tecnologias. Mas, sem uma verdadeira comunidade, a tecnologia pode ser ainda mais destrutiva do que construtiva. Uma verdadeira comunidade, construída com nossa prática de atenção plena, nos permite agir juntos. Quando conseguimos nos comunicar conosco e com a Terra, podemos nos comunicar com os outros mais facilmente.

Cada um de nós, independentemente da nacionalidade ou fé religiosa, pode sentir admiração e amor ao ver a beleza da Terra e do cosmos. Esse sentimento de amor e admiração tem o poder de unir os cidadãos do planeta e de remover toda separação e discriminação. Cuidar do meio ambiente não é uma obrigação, mas uma questão de felicidade e sobrevivência pessoal e coletiva. Sobreviveremos e prosperaremos junto à nossa Mãe Terra, ou não sobreviveremos de maneira alguma.

5
Práticas para se apaixonar pela Terra

Podemos começar a nos apaixonar pela Terra agora mesmo. Não é necessário muito preparo. Cada vez que praticamos a atenção plena ao longo do nosso dia, nossa prática se aprofunda e somos capazes de gerar mais amor e compaixão, o que, por sua vez, leva a uma maior compreensão e percepção. A atenção plena é a prática contínua de tocar profundamente cada momento do cotidiano. Ser atento é estar verdadeiramente presente com seu corpo e sua mente, trazer harmonia para as suas intenções e ações, e estar em harmonia com as pessoas ao seu redor.

Não precisamos reservar um tempo extra para isso em nossas atividades diárias. Podemos praticar a atenção plena em cada momento do dia, na cozinha, no banheiro, em nosso quarto e enquanto vamos de um lugar a outro. Podemos praticar a atenção plena lavando a louça, enquanto tomamos um banho pela manhã ou enquanto dirigimos. Podemos realizar nossas tarefas cotidianas – caminhar, sentar, trabalhar, comer, e assim por diante – com uma consciência atenta sobre o que estamos fazendo. Quando estamos comendo, sabemos que estamos comendo. Quando abrimos uma porta, sabemos que estamos abrindo uma porta. Nossa mente está junto às nossas ações.

Respiração consciente

Nossa respiração é um solo estável e firme no qual podemos nos refugiar. Não importa o que está acontecendo em nosso interior – pensamentos, emoções ou percepções –, nossa respiração está sempre conosco, como um amigo fiel. Sempre que somos levados pelos nossos pensamentos, quando estamos sobrecarregados por emoções fortes, ou quando nossas mentes estão inquietas e dispersas, podemos recorrer à nossa respiração. Reunimos nosso corpo e mente e acalmamos e ancoramos nossa mente.

Estamos cientes do ar entrando e saindo do nosso corpo. Com a consciência de nossa respiração, ela naturalmente se torna leve, calma e pacífica. A qualquer momento do dia ou da noite, seja enquanto caminhamos, dirigimos, trabalhamos no jardim ou sentamos em frente ao computador, podemos recorrer ao refúgio pacífico de nossa própria respiração. Podemos gostar de dizer silenciosamente:

Inalando, sei que estou inalando.

Exalando, sei que estou exalando.

Para aumentar sua atenção plena e concentração, você segue, de modo fácil e gentil, sua inspiração e expiração até o fim. Apenas sentar e seguir sua respiração já pode trazer muita alegria e cura.

A melhor maneira de se reconectar com seu corpo é por meio da sua respiração. Estar consciente dela traz sua mente de volta ao seu corpo. Esteja junto ao seu corpo e lembre-se de que você tem um corpo. Libere qualquer tensão e traga calma para ele. Esse é o primeiro passo para restaurar o bem-estar. Ao trazer sua mente de volta ao seu corpo, você se estabelece no aqui e no agora e tem a chance de viver sua vida e experimentar cada momento profundamente. Quando você está em contato com seu corpo, está em contato com a vida, com o cosmos e com o planeta Terra.

Meditação sentada

Sentar aqui é como sentar sob a árvore *Bodhi*. Meu corpo é a própria atenção plena, totalmente livre de distrações.

Quando se sentar, esteja ciente de que está sentado sobre a Terra. Pratique sentir o fluxo de sua respiração entrando e saindo. Sinta sua coluna ereta, reta e relaxada como uma árvore. Sinta-se enraizado na Terra, sendo seu corpo a conexão entre o céu e o chão. Apenas note sua respiração. Os pensamentos vêm e vão como nuvens. Não se prenda a eles ou os siga, apenas deixe-os passar. Permita que seu corpo relaxe completamente. Não lute. Permita que sua mente se acalme.

Não meditamos sentados para nos tornarmos um Buda ou mesmo para alcançarmos a iluminação. Sentamos para sermos felizes. É só isso. Sentamos meramente para estarmos presentes. Sentamos para estarmos cientes de que o maravilhoso mundo está bem aqui, dentro, acima e abaixo de nós e também ao nosso redor. Se conseguirmos sentar dessa forma, a felicidade se torna uma realidade.

Podemos sentar por quinze, trinta ou quarenta e cinco minutos. Mas mesmo que sentemos apenas por alguns minutos, temos que aproveitar cada único momento de meditação. Quantas pessoas no mundo têm a chance de começar seu dia tão pacificamente, sentando-se calma e tranquilamente pela manhã? Também temos muitas oportunidades ao longo do dia para sentar com atenção, seja em casa, na escola, no trabalho, no carro ou no trem. Sendo pacientes e felizes em nossa meditação, podemos dizer:

Paz enquanto sentamos.
Alegria enquanto respiramos.
Paz é a meditação.
Alegria é a respiração.
Isso é uma arte.

Beber e comer com atenção plena

Algo tão simples e comum como beber uma xícara de chá pode nos trazer grande alegria e nos ajudar a sentir nossa conexão com a Terra. A maneira como bebemos nosso chá pode transformar nossas vidas se realmente devotarmos nossa atenção a isso.

Às vezes, apressamos nossas tarefas diárias, ansiosos pelo momento em que poderemos parar e tomar uma xícara de chá. Mas, quando finalmente estamos sentados com a xícara em mãos, nossa mente ainda está voltada para o futuro e não conseguimos desfrutar do que estamos fazendo; perdemos o prazer de beber nosso chá. Precisamos manter nossa consciência viva e valorizar cada momento do nosso cotidiano. Podemos pensar que nossas outras tarefas são menos agradáveis do que beber chá. Mas, se as fizermos com atenção, podemos descobrir que, na verdade, são muito agradáveis.

Beber uma xícara de chá é um prazer que podemos nos dar todos os dias. Para desfrutar do nosso chá, precisamos estar totalmente presentes e saber de maneira clara e profunda que estamos bebendo chá.

Quando levantar a sua xícara, você pode querer respirar e se tornar verdadeiramente presente. Quando está totalmente estabelecido no momento presente, você está livre do passado e do futuro, de seus pensamentos, preocupações e projetos. Nesse estado de liberdade, você bebe seu chá. Há felicidade, paz e uma sensação de conexão com toda a vida. Ao olhar profundamente para o seu chá, você vê que está bebendo plantas aromáticas que são o presente da Mãe Terra. Você vê o trabalho dos colhedores de chá; vê os exuberantes campos de chá e plantações no Sri Lanka, na China e no Vietnã. Você sabe que está bebendo uma nuvem; você está bebendo a chuva. O chá contém o universo inteiro.

Antes de comer, podemos querer tirar um momento para refletir sobre nossa comida. Nas Cinco Contemplações, prometemos comer de uma maneira que preserve nossa compaixão e reduza o sofrimento dos seres vivos. Alguém sem compaixão não pode ser feliz, pois está isolado e não pode se relacionar com o mundo. Precisamos ter compaixão também pela Terra, nossa mãe. Quando comemos, pensamos em todas as pessoas, plantas, animais e minerais que contribuíram para produzir a comida em nosso prato – as minhocas enriquecendo o solo, o agricultor trabalhando a terra, as pessoas que colheram as safras –, mas também lembramos das muitas espécies que já morreram e desapareceram da Terra por causa dos nossos hábitos de comer e consumir.

Antes de comer, respiramos juntos e olhamos para a comida, apreciando as pessoas que prepararam a refeição e todas as condições que a trouxeram até nós. Sabemos que essa comida é o corpo da Mãe Terra e de todo o cosmos. Prometemos comer de uma maneira que preserve nossa saúde e nosso bem-estar e a saúde e o bem-estar do nosso planeta. Ao praticarmos esse olhar profundo, nos enchemos de gratidão, que naturalmente queremos expressar. Podemos fazer isso recitando as Cinco Contemplações.

As Cinco Contemplações

1. Esta comida é um presente da Terra, do céu, do universo, de inúmeros seres vivos e de muito trabalho árduo.
2. Que possamos comer com atenção plena e gratidão para sermos dignos de recebê-la.
3. Que possamos transformar nossas formações mentais não saudáveis, especialmente nossa ganância, e aprender a comer com moderação.
4. Que possamos manter nossa compaixão viva ao comer, reduzindo o sofrimento dos seres vivos, preservando nosso planeta e revertendo o processo do aquecimento global.
5. Aceitamos esta comida para que possamos nutrir nossa irmandade e nossa sororidade, fortalecer nossa *Sangha* e nutrir nosso ideal de servir todos os seres vivos.

Meditando ao caminhar

Quando meditamos enquanto caminhamos, podemos dar cada passo com gratidão e alegria porque sabemos que estamos caminhando sobre a Mãe Terra. Podemos andar com passos suaves, em reverência a ela que nos deu à luz e da qual fazemos parte. Estamos cientes de que a Terra sobre a qual estamos caminhando é sagrada. A cada passo, tocamos a Terra *Bodhisattva*, então cada movimento deve ser amoroso e pacífico. Devemos ser muito respeitosos, pois sabemos que estamos caminhando sobre nossa mãe. Se caminharmos assim, cada passo será curativo e nutritivo. Caminhe com reverência. Isso é algo que podemos aprender a fazer. Onde quer que caminhemos, na estação de trem ou no supermercado, estamos caminhando sobre a Mãe Terra, então onde quer que estejamos se torna um santuário sagrado.

Cada passo contém uma percepção. Cada passo traz felicidade. Cada passo carrega amor – amor e compaixão pela Terra e por todos os seres, assim como por nós mesmos. Podemos tentar andar devagar. Inspire e dê um passo, expire e dê outro. Por que caminhamos assim? Para nos conectarmos com a grande Terra e com o mundo ao nosso redor. Quando estamos em contato, quando estamos plenamente conscientes da maravilha de caminhar sobre a Terra, cada passo nos nutre e nos cura. Trinta passos dados com esse tipo de percepção são trinta oportunidades para nos nutrirmos e nos curarmos. Portanto, ao caminhar, invista cem por cento do seu ser em sua caminhada. Não finja que está andando com atenção plena quando, na realidade, está planejando suas compras ou sua próxima reunião. Caminhe com todo o seu corpo e a sua mente. Não pense. Se quiser conversar com os outros, pode parar para fazê-lo. Não queremos falar ao telefone ou comer enquanto caminhamos, porque queremos desfrutar de cada passo. Também queremos estar totalmente presentes para a pessoa com quem estamos conversando ou para a comida que estamos comendo. Podemos nos sentar em algum lugar para fazer nossa ligação em paz, comer nossa comida ou beber nosso suco com atenção plena. Cada passo deve ter atenção plena. Cada passo deve trazer paz ao nosso corpo e à nossa mente. Cada passo deve trazer a percepção da nossa conexão com a Terra.

Quando meditamos enquanto caminhamos, unimos nosso corpo e nossa mente. Combinamos nossa respiração com nossos passos. Ajuste seus passos à sua respiração de uma maneira que seja confortável para você. Quando você inspira, pode dar um, dois, três ou quatro passos. E quando você expira, pode querer dar alguns passos a mais do que deu na inspiração.

Por exemplo, ao inspirar, damos dois passos, e ao expirar, damos três. Se dermos três passos ao inspirar, então podemos dar quatro ou cinco passos ao expirar. Encontre sua própria contagem que se ajuste à sua respiração natural. Inspirando, quatro passos; expirando, seis. Inspirando em cinco, expirando em oito. Quando conseguimos caminhar e respirar assim, sem pensar, é muito agradável.

Caminhar meditando é uma maneira de despertarmos para o momento maravilhoso em que estamos vivendo. Se nossa mente estiver presa, focada em nossas preocupações e sofrimentos, ou se nos distrairmos com outras coisas enquanto caminhamos, não conseguiremos praticar a atenção plena; não conseguiremos desfrutar o momento presente. Estamos perdendo a vida. Mas se estivermos acordados, então veremos que este é um momento maravilhoso que a vida nos deu, o único momento em que a vida está disponível. Podemos valorizar cada passo que damos, e cada passo pode nos trazer felicidade porque estamos em contato com a vida, com a fonte da felicidade e com nosso amado planeta.

Figura 5

6
Dez cartas de amor à Terra

As meditações a seguir são cartas de amor para a Terra. Elas são contemplações que podem ajudar a criar uma conversa íntima, um diálogo vivo com nosso planeta. Acima de tudo, são uma prática de olhar atento e profundo. Para nossa sobrevivência, tanto como indivíduos quanto como espécie, precisamos de uma revolução na consciência. Isso pode começar com nosso despertar coletivo. Olhando profundamente, com atenção plena e concentração, podemos ver que somos a Terra e, com essa percepção, o amor e a compreensão nascerão.

As conversas a seguir podem enriquecer sua prática de meditação, seja caminhando ou sentada, e também sua alimentação consciente. Você pode contemplá-las quando estiver sentado tranquilamente à beira de um lago, olhando para o céu noturno ou caminhando na floresta. Elas podem aprofundar sua prática de atenção plena enquanto você jardina ou cozinha, caminha pela rua, viaja de trem ou está sentado em um avião. Você pode deixá-las penetrar lentamente em sua consciência, na qual podem trazer percepção, cura profunda e transformação.

Você pode querer encontrar um lugar tranquilo para sentar e lê-las sozinho. Ou pode preferir lê-las em voz alta junto a outras pessoas. Você pode até querer escrever sua própria carta de amor para Mãe Terra. Não há limites para onde ou como cada um de nós pode ter uma conversa íntima com a Terra.

Figura 6 – Terra – nossa mãe

I – Amada mãe de todas as coisas

Querida Mãe Terra,

Curvo-me diante de você, enquanto olho profundamente e reconheço que está presente em mim e que sou parte de você. Eu nasci de você e você está sempre presente, oferecendo-me tudo o que preciso para meu sustento e crescimento. Minha mãe, meu pai e todos os meus ancestrais também são seus filhos. Nós respiramos seu ar fresco, bebemos sua água cristalina, comemos sua comida nutritiva. Suas ervas nos curam quando estamos doentes.

Você é a mãe de todos os seres. Eu te chamo pelo nome humano de "mãe" e, no entanto, sei que sua natureza maternal é mais vasta e antiga do que a humanidade. Nós somos apenas uma jovem espécie entre seus muitos filhos. Todas as milhões de outras espécies que vivem – ou já viveram – no planeta também são seus filhos. Você não é uma pessoa, mas sei também que não é menos do que uma pessoa. Você é um ser vivo que respira na forma de um planeta.

Cada espécie tem sua própria linguagem, mas como nossa mãe, você pode entender a todos. É por isso que pode ouvir-me hoje enquanto abro meu coração e lhe ofereço minha oração.

Querida Mãe, onde quer que haja solo, água, rocha ou ar, você está presente, nutrindo-me e dando-me vida. Você está presente em cada célula do meu corpo. Meu corpo físico é seu corpo físico, e assim como o Sol e as estrelas estão presentes em você, também estão presentes em mim. Você não está fora de mim e eu não estou fora de você. Você é mais do que apenas meu ambiente. Você não é nada menos do que eu mesmo.

Eu prometo manter viva a consciência de que você está sempre em mim e eu estou sempre em você. Prometo estar ciente de que sua saúde e seu bem-estar são minha própria saúde e meu bem-estar. Sei que preciso manter essa consciência viva em mim para que ambos possamos ser pacíficos, felizes, saudáveis e fortes.

Às vezes, esqueço. Perdido nas confusões e preocupações da vida diária, esqueço que meu corpo é seu corpo e, às vezes, até esqueço que tenho um corpo. Sem perceber a presença do meu corpo e do belo planeta ao meu redor e em meu interior, sou incapaz de valorizar e celebrar o precioso presente da vida que você me deu. Querida Mãe, meu profundo desejo é despertar para o milagre da vida. Eu prometo me treinar para estar presente para mim mesmo, para minha vida e para você em cada momento. Eu sei que minha verdadeira presença é o melhor presente que posso oferecer a você, a qual eu amo.

II – Sua maravilha, beleza e criatividade

Querida Mãe Terra,

Cada manhã, quando acordo, você me oferece vinte e quatro novas horas para apreciar e desfrutar de sua beleza. Você deu à luz a cada forma milagrosa de vida. Seus filhos incluem o lago cristalino, o pinheiro verde, a nuvem rosa, o pico da montanha coberto de neve, a floresta perfumada, a garça branca, o cervo dourado, a extraordinária lagarta e cada matemático brilhante, artesão habilidoso e arquiteto talentoso. Você é a melhor matemática, a artesã mais realizada e a arquiteta mais talentosa de todas. O simples galho de flores de cerejeira, a concha de um caracol e a asa de um morcego testemunham essa verdade incrível. Meu profundo desejo é viver de uma forma que eu esteja desperto para cada uma de suas maravilhas e nutrido por sua beleza. Valorizo sua preciosa criatividade e sorrio para esse presente da vida.

Nós, humanos, temos artistas talentosos, mas como nossas pinturas podem se comparar à sua obra-prima das quatro estações? Como poderíamos algum dia pintar um amanhecer tão cativante ou criar um crepúsculo mais radiante? Temos grandes compositores, mas como nossa música pode se comparar à sua harmonia celestial com o Sol e os planetas – ou ao som da maré crescente? Temos grandes heróis e heroínas que suportaram guerras, dificuldades e viagens perigosas, mas como a bravura deles pode se comparar à sua grande perseverança e paciência ao longo de sua jornada arriscada de eras? Temos muitas grandes histórias de amor, mas quem entre nós tem um amor tão imenso quanto o seu, abraçando todos os seres sem discriminação? Querida Mãe, você deu à luz a inúmeros budas, santos e seres iluminados. Shakyamuni Buda é um de seus filhos. Jesus Cristo é o filho de Deus e, ainda assim, ele é também o filho do Homem, uma criança da Terra, seu filho. A Mãe Maria também é uma filha da Terra. O Profeta Muhammad também é seu filho. Moisés é seu filho. Assim também são todos os *bodhisattvas*. Você é também mãe de pensadores e cientistas eminentes que fizeram grandes descobertas, investigando e entendendo não apenas nosso próprio sistema solar e a Via Láctea, mas até mesmo as galáxias mais distantes. É por meio desses filhos talentosos que você está aprofundando sua comunicação com o cosmos. Sabendo que deu à luz a tantos grandes seres, sei que você não é apenas matéria inerte, mas um espírito vivo. Por ser dotada da capacidade de despertar que todos os seus filhos também o são. Cada um de nós carrega dentro de si a semente do despertar, a capacidade de viver em harmonia com nossa sabedoria mais profunda – a sabedoria da interexistência.

Porém, há momentos em que não nos saímos tão bem. Há momentos em que não te amamos o suficiente; momentos em que esquecemos sua verdadeira natureza; e momentos em que discriminamos e tratamos você como algo diferente de nós mesmos. Há até momentos em que, por ignorância e falta de habilidade, subestimamos, exploramos, ferimos e poluímos você. É por isso que faço hoje o profundo voto, com gratidão e amor em meu coração, de valorizar e proteger sua beleza e de incorporar sua maravilhosa consciência em minha própria vida. Eu prometo seguir os passos daqueles que vieram antes de mim, viver com despertar e compaixão e, assim, ser digno de me chamar seu filho.

III – Caminhando ternamente sobre a Mãe Terra

Querida Mãe Terra,

Cada vez que coloco meus pés sobre a Terra, vou treinar a mim mesmo para ver que estou caminhando sobre você, minha Mãe. Cada vez que coloco meus pés no chão, tenho a chance de estar em contato com você e com todas as suas maravilhas. A cada passo, posso sentir que você não está apenas abaixo de mim, querida Mãe, mas também em meu interior. Cada passo atencioso e gentil pode me nutrir, curar e me trazer ao contato comigo mesmo e com você no momento presente.

Caminhando com atenção plena, posso expressar meu amor, respeito e cuidado por você, nossa preciosa Terra. Vou sentir a verdade de que mente e corpo não são duas entidades separadas. Vou treinar a mim mesmo para olhar profundamente e ver sua verdadeira natureza: você é minha mãe amorosa, um ser vivo, um grande ser – um imenso, belo e precioso milagre. Você não é apenas matéria, é também mente e consciência. Assim como o belo pinheiro ou o grão de milho tenro possuem um senso inato de conhecimento, você também o possui. Dentro de você, querida Mãe Terra, estão os elementos terra, água, ar e fogo; e também há tempo, espaço e consciência. Nossa natureza é a sua natureza, que também é a natureza do cosmos.

Eu quero caminhar gentilmente, com passos de amor e grande respeito. Vou caminhar com meu próprio corpo e mente unidos. Sei que posso caminhar de maneira que cada passo seja um prazer, cada passo seja nutritivo e curativo – não apenas para meu corpo e mente, mas também para você, querida Mãe Terra. Você é o planeta mais bonito de todo o nosso sistema solar. Não quero fugir de você, querida Mãe, nem me apressar. Sei que posso encontrar felicidade bem aqui com você. Não preciso correr para encontrar mais condições de felicidade no futuro. A cada passo, posso me refugiar em você. A cada passo, posso apreciar suas belezas, seu delicado véu de atmosfera e o milagre da gravidade. Posso parar meu pensamento. Posso caminhar relaxadamente e sem esforço. Caminhando nesse espírito, posso experimentar o despertar. Posso despertar para o fato de que estou vivo e de que a vida é um precioso milagre. Posso despertar para o fato de que nunca estou sozinho e de que nunca posso morrer. Você está sempre dentro de mim e ao meu redor a cada passo, me nutrindo, me abraçando e me levando longe para o futuro.

Querida Mãe, você deseja que vivamos com mais consciência e gratidão, e podemos fazer isso gerando as energias de atenção plena, paz, estabilidade e compaixão em nosso cotidiano. Portanto, faço a promessa hoje de retribuir seu amor e cumprir esse desejo, realizando cada passo que dou sobre você com amor e ternura. Estou caminhando não meramente sobre matéria, mas sobre espírito.

Figura 7 – Eu me refugio na Terra – o grande *bodhisattva*

IV – Sua estabilidade, paciência e inclusão

Querida Mãe Terra,

Você é este planeta azul infinitamente belo, fragrante, fresco e gentil. Sua paciência e resistência imensuráveis fazem de você uma grande *bodhisattva*. Embora tenhamos cometido muitos erros, você sempre nos perdoa. Sempre que retornamos a você, está pronta para abrir seus braços e nos abraçar.

Sempre que estou instável, toda vez que perco o contato comigo mesmo ou estou perdido em esquecimento, tristeza, ódio ou desespero, sei que posso voltar a você. Ao tocá-la, posso encontrar um refúgio; posso restabelecer minha paz e recuperar minha alegria e autoconfiança. Você ama, protege e nutre todos nós sem discriminação.

Você tem uma imensa capacidade de abraçar, lidar e transformar tudo o que lhe é lançado, sejam grandes asteroides, lixo e sujeira, vapores venenosos ou resíduos radioativos. O tempo ajuda você a fazer isso, e sua história mostrou que você sempre consegue, mesmo que leve milhões de anos. Você foi capaz de restabelecer o equilíbrio após a devastadora colisão que criou a Lua, além de ter suportado pelo menos cinco extinções em massa, ressurgindo a cada vez. Você tem uma extraordinária capacidade de renovar, transformar e curar a si mesma – e também a nós, seus filhos.

Tenho fé em seu grande poder de cura. Minha fé vem da minha própria observação e experiência, não de algo que outros me disseram para acreditar. É por isso que sei que posso me refugiar em você. Enquanto caminho, sento-me e respiro, posso entregar-me a você, confiar plenamente e permitir que me cure. Sei que não preciso fazer nada. Posso simplesmente relaxar, liberar toda a tensão do meu corpo e todos os medos e preocupações da minha mente. Seja sentando, caminhando, deitado ou em pé, permito-me encontrar refúgio em você e ser acolhido e curado por você. Entrego-me a você, Mãe Terra. Cada um de nós precisa de um lugar de refúgio, mas talvez não saibamos como encontrá-lo ou como chegar lá. Olhando profundamente, hoje posso ver que meu verdadeiro lar, meu verdadeiro lugar de refúgio é você, meu amado planeta. Eu me refugio em você, Mãe Terra. Não preciso ir a lugar nenhum para encontrá-la; você já está em mim e eu já estou em você.

Querida Mãe, cada vez que me sentar em quietude sobre sua Terra, estarei ciente de que, porque você está em mim, posso incorporar suas maravilhosas qualidades: solidez, perseverança, paciência, resiliência, profundidade, resistência, estabilidade, grande coragem, ausência de medo e criatividade inesgotável. Prometo esforçar-me de todo o coração para colocar essas qualidades em prática, sabendo que você já semeou esses potenciais como sementes no solo do meu coração e da minha mente.

V – Céu na Terra

Querida Mãe Terra,

Existem aqueles de nós que caminham pela Terra em busca de uma terra prometida, sem perceber que você é o lugar maravilhoso que temos procurado durante toda a nossa vida. Você já é um Reino do Céu maravilhoso e belo – o planeta mais lindo do sistema solar; o lugar mais bonito nos céus. Você é a Terra pura, na qual incontáveis budas e *bodhisattvas* do passado se manifestaram, realizaram a iluminação e ensinaram o *Dharma*.

Não preciso imaginar uma Terra pura do Buda a oeste ou um Reino de Deus acima para onde irei quando morrer. O Céu está aqui na Terra. O Reino de Deus está aqui e agora. Não preciso morrer para estar nele. Na verdade, preciso estar muito vivo. Posso tocar o Reino de Deus a cada passo. Quando toco profundamente o momento presente na dimensão histórica, toco o Reino, a Terra pura, toco o fim e a eternidade. Em profundo contato com a Terra e as maravilhas da vida, toco minha verdadeira natureza. A exótica flor de orquídea, o raio de sol, e até mesmo meu próprio corpo milagroso – se eles não pertencem ao Reino de Deus, o que pertence? Contemplando a Terra profundamente, seja uma nuvem flutuante ou uma folha caindo, posso ver a natureza da realidade sem nascimento e sem morte. Com você, querida Mãe, somos levados à eternidade. Nunca nascemos e nunca morreremos. Uma vez que compreendermos isso, poderemos, então, apreciar e aproveitar a vida plenamente, sem medo do envelhecimento ou da morte, sem nos perdermos em complexos sobre nós mesmos, nem ansiarmos para que as coisas sejam diferentes do que são. Já somos e já temos o que estamos procurando.

O Reino do Céu existe, não fora de nós, mas dentro de nossos próprios corações. Se somos capazes ou não de tocar o Reino de Deus a cada passo, depende de nossa maneira de olhar, de nossa maneira de ouvir e de caminhar. Se minha mente está calma e pacífica, então o próprio chão em que estou caminhando se torna um paraíso.

Existem aqueles que dizem que em seu Céu não há sofrimento. Mas se não há sofrimento, como pode haver felicidade? Precisamos de composto para cultivar flores e lama para cultivar lótus. Precisamos de dificuldades para chegarmos a aprendizados por meio delas; a iluminação é sempre a iluminação sobre algo.

Querida Mãe, prometo cultivar essa maneira de olhar. Prometo desfrutar da prática de habitar pacificamente com atenção plena no aqui e agora, para que eu possa tocar a Terra pura, o Reino de Deus, dia e noite. Prometo que a cada passo tocarei a eternidade. A cada passo tocarei o Céu aqui na Terra.

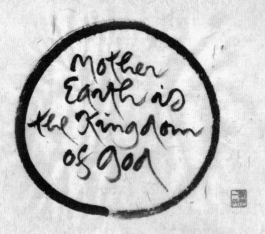

Figura 8 – A Mãe Terra é o Reino de Deus

VI – **Nossa jornada de eras**

Querida Mãe Terra,

Você se lembra quando você e o Pai Sol se formaram a partir da poeira de estrelas explodidas e gás interestelar? Você ainda não vestia o manto de frescor que tem hoje. Naquela época, Mãe, há mais de quatro bilhões e meio de anos, seu manto era feito de rocha derretida. Logo, ele esfriou e formou uma crosta dura. Embora a luz do Pai fosse muito menor do que é hoje, sua atmosfera fina capturava o calor e impedia que seus oceanos congelassem. Nas primeiras poucas centenas de milhões de anos, você superou muitas grandes dificuldades para criar um ambiente capaz de sustentar a vida. Você liberou grande calor, incêndios e gases de seus vulcões. O vapor foi expelido de sua crosta para se tornar vapor em sua atmosfera e água em seus grandes oceanos. Sua gravidade ajudou a ancorar o céu que sustenta a vida, e seu campo magnético impediu que ele fosse arrancado pelos ventos solares e raios cósmicos.

Ainda antes de formar a atmosfera, você suportou uma colisão com um grande corpo celestial, quase do tamanho de Marte. Parte do planeta em colisão se tornou você; o resto dele, junto a parte do seu manto e crosta, se tornou a Lua. Querida Mãe, a Lua é parte de você, tão bela quanto um anjo. Ela é uma irmã bondosa, sempre te seguindo, ajudando-a a desacelerar e a manter seu equilíbrio, criando ritmos de maré em seu corpo.

Todo o nosso sistema solar é uma família, girando em torno do Pai Sol em uma dança alegre e harmoniosa. Primeiro vem Mercúrio, metálico e cheio de crateras, o mais próximo do Sol. Em seguida, Vênus, com seu intenso calor, atmosfera de alta pressão e vulcões. Depois vem você, amada Mãe Terra, a mais bela de todas. Além de nós, orbita o Planeta Vermelho, frio e desolado, Marte; e depois do cinturão de asteroides vem o gigante gasoso Júpiter, de longe o maior planeta de todos, acompanhado por uma assembleia de luas diversas. Além de Júpiter, estão em órbita Saturno, o planeta espetacularmente anelar, seguido por Urano, inclinado de lado após uma colisão, e, finalmente, o distante e azul Netuno, com suas tempestades turbulentas e ventos fortes.

Contemplando esse esplendor, posso ver que você, Mãe Terra, é a flor mais preciosa do nosso sistema solar, uma verdadeira joia do cosmos.

Levou um bilhão de anos para você começar a manifestar os primeiros seres vivos. Moléculas complexas, talvez trazidas a você do espaço exterior, começaram a se juntar em estruturas autorreplicantes, lentamente tornando-se cada vez mais semelhantes a células vivas. Partículas de luz de estrelas distantes, milhões de anos-luz de distância, vieram visitar e permanecer por um tempo. Células pequenas gradualmente se tornaram células maiores; organismos unicelulares evoluíram para multicelulares. A vida se desenvolveu das profundezas dos oceanos, multiplicando-se e prosperando, melhorando constantemente a atmosfera. Lentamente, a camada de ozônio pôde se formar, prevenindo que radiações nocivas alcançassem sua superfície e permitindo que a vida na Terra prosperasse. Foi somente então, à medida que o milagre da fotossíntese se desenrolou, que você começou a usar o magnífico manto verde que tem hoje.

Mas todos os fenômenos são impermanentes e estão em constante mudança. A vida em vastas áreas da Terra já foi destruída mais de cinco vezes, incluindo há sessenta e cinco milhões de anos, quando o impacto de um enorme asteroide causou a extinção em massa dos dinossauros e de três quartos de todas as outras espécies. Querida Mãe, estou em admiração com sua capacidade de ser paciente e criativa, apesar de todas as duras condições que suportou. Prometo lembrar de nossa extraordinária jornada de eras e viver meus dias com a consciência de que somos todos seus filhos e de que todos somos feitos de estrelas. Prometo fazer minha parte, contribuindo com minha própria energia de alegria e harmonia para a gloriosa sinfonia da vida.

VII – A verdade última: sem morte, sem medo

Querida Mãe Terra,

Você nasceu da poeira de supernovas distantes e de estrelas antigas. Sua manifestação é apenas uma continuação e, quando você deixar de existir nesta forma atual, continuará a existir em outra forma. Sua verdadeira natureza é a dimensão última da realidade – a natureza do não vindo e do não indo, do não nascimento e da não morte. Essa também é a nossa verdadeira natureza. Se conseguirmos entender isso, podemos experimentar a paz e a liberdade do não medo.

E ainda assim, devido à nossa visão limitada, nos perguntamos o que acontecerá conosco quando nossa forma física se desintegrar. Quando morremos, apenas retornamos a você. Você nos deu à luz no passado, e sabemos que continuará a nos dar à luz repetidamente no futuro. Sabemos que nunca podemos morrer. Cada vez que nos manifestamos, estamos frescos e novos; cada vez que retornamos à Terra, você nos recebe e abraça com grande compaixão. Prometemos treinar a nós mesmos para olhar profundamente, para ver e tocar essa verdade – que nossa vida é a sua vida, e sua vida é ilimitada.

Sabemos que o último e o histórico – o numenal e o fenomenal – são duas dimensões da mesma realidade. Ao tocar a dimensão histórica – uma folha, uma flor, uma pedra, um feixe de luz, uma montanha, um rio, um pássaro, ou nosso próprio corpo – podemos tocar o numenal. Quando tocamos profundamente o um, tocamos o todo. Isso é interexistir.

Querida Mãe, prometemos vê-la como nosso corpo e ver o sol como nosso coração. Treinaremos a nós mesmos para reconhecer você e o sol em cada célula de nosso corpo. Encontraremos vocês dois, Mãe Terra e Pai Sol, em cada folha delicada, em cada clarão de relâmpago, em cada gota d'água. Diligentemente, praticaremos ver o numenal e perceber nossa própria e verdadeira natureza. Praticaremos ver que nunca nascemos e que nunca morreremos.

Sabemos que na dimensão última não há nascimento e não há morte, não há ser e não ser, não há sofrimento e não há felicidade, assim como não há bem e não há mal. Treinaremos a nós mesmos para olhar profundamente o mundo de sinais e aparências com a percepção da interexistência, para ver que se não houvesse morte, não poderia haver nascimento; sem sofrimento, não poderia haver felicidade; sem a lama, a flor de lótus não poderia crescer. Sabemos que felicidade e sofrimento, nascimento e morte, se apoiam mutuamente. Esses pares de opostos são apenas conceitos. Quando transcendermos essas visões dualísticas da realidade, seremos libertos de toda ansiedade e medo.

Ao tocar o último, estamos felizes e à vontade – estamos em nosso elemento, livres de todas as noções e conceitos. Somos tão livres quanto um pássaro planando no céu, tão livres quanto um cervo saltando pela floresta. Vivendo profundamente em atenção plena, tocamos nossa verdadeira natureza de interdependência e interexistência. Sabemos que somos um com você e com todo o cosmos. A realidade última transcende todas as noções e conceitos. Não pode ser descrita como pessoal ou impessoal, material ou espiritual, nem como objeto ou sujeito da mente. A realidade última brilha sempre e reflete sobre si mesma. Não precisamos procurar o último fora de nós mesmos. Tocamos o último no aqui e agora.

VIII – Pai Sol, meu coração

Querido Pai Sol,

Sua luz infinita é a fonte nutritiva de todas as espécies. Você é nosso sol, nossa fonte ilimitada de luz e vida. Sua luz brilha sobre a Mãe Terra, oferecendo-nos calor e beleza e ajudando-a a nos nutrir e a tornar a vida possível para todas as espécies. Olhando profundamente para a Mãe Terra, vejo você nela. Você não está apenas no céu, mas também está sempre presente na Mãe Terra e em mim.

Cada manhã, você se manifesta a partir do leste, um glorioso orbe rosado brilhando radiantemente nas dez direções. Você é o mais gentil dos pais, com uma grande capacidade de entender e ser compassivo e, ao mesmo tempo, é incrivelmente ousado e corajoso. As partículas de luz que você irradia viajam mais de 150 milhões de quilômetros desde sua imensa e quente coroa até nos alcançar aqui na Terra em pouco mais de oito minutos. A cada segundo, você oferece uma pequena porção de si à Terra na forma de energia luminosa. Você está presente em cada folha, cada flor e em cada célula viva. Mas, dia após dia, sua grande massa física de plasma fundente, 330 mil vezes o tamanho da nossa Terra, está lentamente diminuindo. Dentro dos próximos dez bilhões de anos, a maior parte dela se transformará em energia, irradiando por todo o cosmos, e mesmo que você não esteja mais visível em sua forma atual, continuará a existir em cada fóton que emitiu. Nada será perdido, apenas transformado.

Querido Pai, sua sinergia criativa com a Mãe Terra torna a vida possível. A ligeira inclinação da Mãe em sua órbita nos oferece as quatro estações extraordinárias. O milagre da fotossíntese aproveita a sua energia e cria oxigênio para a atmosfera nos proteger da sua radiação ultravioleta ardente. Ao longo das eras, a Mãe tem habilmente colhido e armazenado sua luz solar para sustentar seus filhos e para embelezar-se. Os pássaros podem desfrutar de voar pelo céu, e os cervos podem desfrutar de correr pela floresta graças à sua harmonia criativa com a Mãe Terra. Cada espécie pode se deliciar em seu elemento, graças à sua luz nutritiva e ao milagre da atmosfera que nos abraça, protege e nutre.

Há um coração dentro de cada um de nós. Se ele parar de bater, morreremos instantaneamente. Mas quando olhamos para o céu, sabemos que você, Pai Sol, também é o nosso coração. Você não está apenas fora deste nosso pequeno corpo, mas dentro de cada uma de nossas células e do corpo da Mãe Terra.

Querido Pai, você é uma parte integral de todo o cosmos e do nosso sistema solar. Se você desaparecesse, nossa vida, assim como a da Mãe Terra, também chegaria ao fim. Desejo olhar profundamente para vê-lo, Pai Sol, como meu coração, e para ver a inter-relação, a interexistência entre você, a Mãe Terra, eu mesmo e todos os seres. Aspiro praticar o amor pela Mãe Terra e por você e desejo que os seres humanos amem uns aos outros com a radiante visão da não dualidade e da interexistência para nos ajudar a transcender todos os tipos de discriminação, medo, ciúme, ressentimento, ódio e desespero.

IX – *Homo Conscius*

Querida Mãe Terra,

Demos a nós mesmos o nome de *homo sapiens*. Os precursores da nossa espécie começaram a aparecer há apenas alguns milhões de anos, na forma de primatas como o *orrorin tugenensis*, que podiam ficar em pé, deixando suas mãos livres para fazer muitas coisas. À medida que aprenderam a usar ferramentas e a se comunicar, seus cérebros cresceram e se desenvolveram e, ao longo de seis milhões de anos, evoluíram gradualmente para o *homo sapiens*. Com o surgimento da agricultura e das sociedades, adquirimos novas capacidades únicas à nossa espécie. Tornamo-nos autoconscientes e começamos a questionar nosso lugar no cosmos. No entanto, também desenvolvemos traços em desacordo com nossa verdadeira natureza. Por causa de nossa ignorância e nosso sofrimento, agimos com crueldade, mesquinharia e violência. Mas também temos a capacidade, por meio da prática espiritual, de sermos compassivos e úteis não apenas para nossa própria espécie, mas para outras; temos a capacidade de nos tornarmos budas, santos e *bodhisattvas*. Todos os humanos, sem exceção, têm esse potencial para se tornar seres despertos capazes de protegê-la, nossa Mãe, e de preservar sua beleza.

Se somos humanos, animais, plantas ou minerais, cada um de nós tem a natureza do despertar, pois somos todos seus descendentes. No entanto, nós, humanos, costumamos nos orgulhar de nossa consciência mental. Sentimos orgulho de nossos poderosos telescópios e da nossa capacidade de observar galáxias distantes. Mas poucos de nós percebem que nossa consciência é a sua; você está aprofundando sua compreensão do cosmos por meio de nós. Orgulhosos de nossa capacidade de estar cientes de nós mesmos e do cosmos, ignoramos o fato de que nossa consciência mental é limitada por nossa tendência habitual de discriminar e conceitualizar. Diferenciamos nascimento e morte, ser e não ser, interior e exterior, individual e coletivo. No entanto, existem humanos que olharam profundamente, cultivaram sua mente de consciência e superaram essas tendências habituais, alcançando a sabedoria da não discriminação. Eles conseguiram tocar a dimensão última interior e ao seu redor. Eles conseguiram continuar no caminho da evolução, guiando outros em direção à percepção da não dualidade, transformando toda separação, discriminação, medo, ódio e desespero.

Querida Mãe, graças ao precioso presente da consciência, podemos reconhecer nossa própria presença e perceber nosso verdadeiro lugar em você e no cosmos. Nós, humanos, não somos mais ingênuos ao pensar que somos os mestres do universo. Sabemos que, em termos do universo, somos pequenos e insignificantes, no entanto, nossas mentes são capazes de abranger incontáveis mundos. Sabemos que nosso belo planeta não é o centro do universo, mas, ainda assim, podemos vê-lo como uma das muitas maravilhosas manifestações do universo. Desenvolvemos ciência e tecnologia e descobrimos a verdadeira natureza da realidade, que é a de não nascimento e não morte, de não aumentar e não diminuir, de não ser o mesmo e não ser diferente; não há ser e não ser. Percebemos que o um contém o todo, que o maior está contido dentro do menor, e que cada partícula de poeira contém todo o cosmos. Estamos aprendendo a amar mais você e nosso Pai e a amar uns aos outros à luz dessa percepção da interexistência. Sabemos que essa maneira não dualista de ver as coisas pode nos ajudar a transcender toda discriminação, o medo, ciúme, ódio e desespero.

Shakyamuni Buddha foi um filho seu que atingiu o despertar completo à sombra da árvore *Bodhi*. Após uma longa jornada de busca, percebeu que a Terra é o nosso verdadeiro e único lar e que o céu, todo o cosmos e a dimensão última podem ser tocados bem aqui junto a você. Querida Mãe, prometemos permanecer com você ao longo de nossas incontáveis vidas, oferecendo-lhe nosso talento, nossa força e saúde, para que muitos mais *bodhisattvas* possam continuar a se erguer do seu solo.

X – Você pode contar conosco?

Querida Mãe Terra,

A espécie humana é apenas um dos seus muitos filhos. Infelizmente, muitos de nós foram cegados por ganância, orgulho e ilusão, e apenas alguns de nós conseguiram reconhecê-la como nossa Mãe. Não percebendo isso, causamos-lhe grandes danos, comprometendo tanto sua saúde quanto sua beleza. Nossas mentes iludidas nos impulsionam a explorá-la e a criar cada vez mais discórdia, colocando você e todas as suas formas de vida sob estresse e tensão. Olhando profundamente, também reconhecemos que você possui paciência, resistência e energia suficientes para abraçar e transformar todo o dano que causamos, mesmo que isso leve centenas de milhões de anos.

Quando a ganância e o orgulho superam nossas necessidades básicas de sobrevivência, o resultado é sempre violência e devastação desnecessárias. Sabemos que sempre que uma espécie se desenvolve rapidamente, excedendo seu limite natural, há grande perda e danos, e as vidas de outras espécies são ameaçadas. Para que o equilíbrio seja restaurado, causas e condições surgem naturalmente para provocar a destruição e aniquilação daquela espécie. Muitas vezes, essas causas e condições se originam dentro da própria espécie destrutiva. Aprendemos que quando perpetramos violência contra nossa própria espécie e contra outras, somos violentos conosco mesmos. Quando sabemos proteger todos os seres, estamos nos protegendo.

Entendemos que todas as coisas são impermanentes e não possuem uma natureza própria separada. Você e o Pai Sol, como tudo o mais no cosmos, estão constantemente mudando, e vocês são feitos apenas de elementos que não são vocês. É por isso que sabemos que, na dimensão última, você transcende o nascimento e a morte, o ser e o não ser. No entanto, precisamos protegê-la e restaurar o equilíbrio, para que você possa continuar por muito tempo nesta forma bela e preciosa, não apenas para nossos filhos e os filhos deles, mas por quinhentos milhões de anos e além. Queremos protegê-la para que você possa permanecer uma joia gloriosa dentro do nosso sistema solar por eras e eras.

Sabemos que você quer que vivamos de tal maneira que, em cada momento de nosso cotidiano, possamos valorizar a vida e gerar as energias da atenção plena, da paz, solidez, compaixão e do amor. Prometemos cumprir seu desejo e responder ao seu amor. Temos a profunda convicção de que, gerando essas energias saudáveis, ajudaremos a reduzir o sofrimento na Terra e contribuiremos para aliviar o sofrimento causado pela violência, por guerra, fome e doenças. Ao aliviar nosso sofrimento, aliviamos o seu.

Querida Mãe, houve momentos em que sofremos muito como resultado de desastres naturais. Sabemos que sempre que sofremos, você sofre por intermédio de nós. As inundações, tornados, terremotos e tsunamis não são punições ou manifestações de sua raiva, mas fenômenos que devem ocorrer ocasionalmente, para que o equilíbrio possa ser restaurado. O mesmo vale para uma estrela cadente. Para que o equilíbrio da natureza seja alcançado, às vezes algumas espécies têm que suportar a perda. Nesses momentos, voltamos para você, querida Mãe, e perguntamos se poderíamos contar com você, com sua estabilidade e compaixão. Você não nos respondeu imediatamente. Então, contemplando-nos com grande compaixão, você respondeu: "Sim, claro, vocês podem contar com sua Mãe. Eu estarei sempre lá por vocês". Mas então você disse: "Queridos filhos, vocês devem se perguntar: sua Mãe Terra pode contar com vocês?"

Querida Mãe, hoje, oferecemos-lhe nossa resposta solene: "Sim, Mãe, você pode contar conosco".

Rumo a uma religião cósmica

Podemos construir uma prática espiritual profunda, não baseada em dogmas ou crenças, em coisas que não podemos verificar, mas inteiramente em evidências. Dizer que a Terra é um grande ser não é apenas uma ideia; cada um de nós pode ver isso por si mesmo. Cada um de nós pode perceber que a Terra possui as qualidades de resistência, estabilidade e inclusividade. Podemos observá-la abraçando todos e tudo sem discriminação. Quando dizemos que o nosso planeta deu à luz a grandes seres, incluindo budas, *bodhisattvas* e santos, não estamos exagerando. Buda, Jesus Cristo, Moisés e Muhammad são todos filhos da Terra. Como podemos descrevê-la como mera matéria quando ela deu à luz a tantos grandes seres?

Quando dizemos que a Terra criou a vida, sabemos que isso só é possível porque ela contém dentro de si todo o cosmos. Assim como a Terra não é apenas a Terra, nós também não somos apenas humanos. Temos nosso planeta e todo o cosmos dentro de nós. Somos feitos do Sol. Somos feitos de estrelas. Ao tocar essa verdadeira natureza da realidade, podemos transcender a visão dualista de que o cosmos é algo maior ou diferente de nós. Ao nos conectarmos profundamente com o reino fenomenal, com a dimensão histórica, podemos perceber nossa verdadeira natureza de não nascimento e de não morte. Podemos transcender todo o medo e tocar a eternidade.

Cada avanço em direção à compreensão de nós mesmos, de nossa natureza e de nosso lugar no cosmos aprofunda nossa reverência e nosso amor. Compreender e amar são dois desejos fundamentais. Compreender tem algum tipo de conexão com o amor. A compreensão pode nos levar na direção do amor. Quando entendemos e tomamos consciência da grande harmonia, elegância e beleza do cosmos, podemos sentir grande admiração e amor. Este é o tipo mais básico de sentimento religioso: é baseado em evidências e em nossa própria experiência. A humanidade precisa de um tipo de espiritualidade que possamos praticar juntos. O dogmatismo e o fanatismo têm sido a causa de grande separação e guerra. O mal-entendido e a irreverência têm sido a causa de enormes injustiças e destruição. No século XXI, deveria ser possível nos unirmos e oferecermos a nós mesmos um tipo de religião que possa ajudar a unir todos os povos e todas as nações, e a remover toda separação e discriminação. Se as religiões e filosofias existentes, assim como a ciência, puderem se esforçar para seguir nessa direção, será possível estabelecer uma religião cósmica baseada não em mito, crença ou dogma, mas em evidências e na percepção da interdependência. E isso seria um grande salto para a humanidade.

O velho mendicante

Ser rocha, ser gás, ser névoa, ser mente, ser os mésons viajando entre as galáxias à velocidade da luz, você veio aqui, meu amado.
E seus olhos azuis brilham, tão bonitos, tão profundos.
Você seguiu o caminho traçado para você desde o não início e o não fim.
Você diz que, a caminho daqui, passou por milhões de nascimentos e mortes.

Incontáveis vezes você foi transformado em tempestades de fogo no espaço exterior.
Você usou seu próprio corpo para medir a idade das montanhas e dos rios.
Você se manifestou como árvores, grama, borboletas, seres unicelulares, e como crisântemos.
Mas os olhos com os quais você me olha esta manhã me dizem que você nunca morreu.
Seu sorriso me convida para o jogo cujo começo ninguém conhece, o jogo de esconde-esconde.
Ó lagarta verde, você está solenemente usando seu corpo para medir o comprimento do galho da rosa que cresceu no último verão.
Todos dizem que você, minha amada, nasceu nesta primavera.
Diga-me, há quanto tempo você está por aqui?
Por que esperar até este momento para se revelar a mim, carregando consigo esse sorriso que é tão silencioso e tão profundo?
Ó lagarta, sóis, luas e estrelas fluem cada vez que exalo.
Quem sabe que o infinitamente grande deve ser encontrado em seu pequeno corpo?
Em cada ponto do seu corpo, milhares de campos de Buda foram estabelecidos.
A cada movimento do seu corpo, você mede o tempo do não início ao não fim.
O grande mendicante de outrora ainda está lá no Vulture Peak, contemplando o sempre esplêndido pôr do sol.
Gautama, que estranho!
Quem disse que a flor udumbara floresce apenas uma vez a cada 3 mil anos?
O som da maré subindo – você não pode deixar de ouvi-lo se tiver um ouvido atento.

Conecte-se conosco:

f facebook.com/editoravozes

◉ @editoravozes

𝕏 @editora_vozes

▶ youtube.com/editoravozes

☎ +55 24 2233-9033

www.vozes.com.br

Conheça nossas lojas:

www.livrariavozes.com.br

Belo Horizonte – Brasília – Campinas – Cuiabá – Curitiba
Fortaleza – Juiz de Fora – Petrópolis – Recife – São Paulo

EDITORA VOZES LTDA.
Rua Frei Luís, 100 – Centro – Cep 25689-900 – Petrópolis, RJ
Tel.: (24) 2233-9000 – E-mail: vendas@vozes.com.br